避开思维陷阱

跟心理学大师克兰学习正向思维

［美］阿伦·马丁·克兰◎著
（Aaron Martin Crane）

佘卓桓 译
孔宁 校

Right
And
Wrong
Thinking
And
Their Results

中国人民大学出版社
·北 京·

前　言

几年前，我就开始以一种基本的思想为基础来构思这本书，此后这样的思想慢慢成形。在接下来的几年里，我将这一基本思想以及相关联的一些思想都集合起来，在各种不同的演说场合，面对着不同的听众进行阐述。当然，对于将这些内容结集成书、出版发行，我的内心依然忐忑不安，因为当前这本书的思想并非十分完善，这些思想依然在不断拓展。但是，看到很多读者按照书中的内容进行实践取得了不俗的改变，这又让我感受到了无上的荣耀，所以我怀着真挚的情感，希望能够将这本书写好，给更多的读者带来帮助。

在人生这所学校里，我们所学到的第一堂课，就是了解自身的个性或者性格，从而对自己的真实价值有一个比较客观的了解，这可以帮助我们更好地运用自身的长处，避免放任自己的弱点横行。一个人应该通过对自身情况的了解以及对自身进行的思考，进而按照自身的思维方式、外在形象以及谈话的方式，去将自身的能量展现出来。每个人都有责任将自身的能量最大化地发挥出来，而要想做到这一点，就必须要对自己有着更为全面与充分的认知。本书就是要帮助读者实现这个目标。

在我们生活的这个世界上，有两种截然不同的影响，分别是善意的影响与恶意的影响、和谐的影响与不和谐的影响，这样的影响几乎充斥着人类的生活，塑造并影响着所有人的一切行为。在这两种影响当中，其中一种影响被消除了，另外一种影响依然还会存在。如果不和谐的影响被我们消除了，那么我们的内心就会只剩下和谐的影响。善意与绝对和谐的影响必须是持久的，因为这样的影响都是源于神。每个人每天都要做的很重要的一件事，就是消除邪恶或者不和谐的影响，从而让自己变得更好。这也包括了我们需要不断进行自省、自我提升以及不断取得进步。

这本书的大部分内容都专注于阐述一些人们能够摆脱的外在事物，从而更好地感受积极的影响。当我们将所有阻碍自身变得更好的思想去除时，就能够看到一个绝对完美的真正之人的雏形，这样一个完美的人就是造物主赐给他的。在那个时候，他就会感觉到，纯洁与完美的神性高度原来是可以攀登的，而在之前，他肯定会认为这是不可能实现的。

还有另外一个话题，要比这个话题更有吸引力，它能帮助每个人将自身完美的神性全部展现出来。当然，这本书将在以后出版。

阿伦·马丁·克兰

目 录

第一章　简　介

　　现在，虽然有很多学者或者专家将大量的精力投入到对心智及其带来的行动的一般性研究中，不过在人类历史上，心智通过思考所具有的富于建构性以及创造性的能力，已经存在很长一段时间，也被许多人所认可了。但直到现在，思考对于人类所具有的紧密与直接的关系，我们只是刚刚有所认识。心智能量的限制，到现在依然尚未被我们清晰地认知，但随着我们的知识以及了解的范围不断拓展，认知必然会更加深入。

　　无知与理智之间的区别、野蛮人与文明人之间的区别，都在于心智以及心智所带来的影响。人类所形成的各种习俗或者习惯，无论是简单的还是复杂的，都是心智活动本身的一种体现。虽然很多人都将其视为其他一些原因所导致的，但是归根结底，还是源于思考的结果。服装演进的无声历史就可以充分说明这一点。从远古时代野蛮人所穿的衣服到现在人们所穿的衣服，这个过程显然是发生了天翻地覆的变化。原始人所穿的衣服看似非常简单，但从整体上来说却又是比较复杂的，特别是就衣服的某些细节而言。衣服演进的历史，其实就是人类的心智在解决这个问题上所表现出来的智慧，进而对此采取了一系列行动去加以改变的典型例子。当然，这只是人类充分运用心智能量去解决人类诸多需求的一个表现而已。

诚然，我们的工厂与宫殿、我们的庙宇与我们的家，这些都是运用地球上已有的物质去建构的，但是人类却能够在心智的影响之下，去将这些物质变成我们想要看到的各种形态，最终呈现出来的形态多少是具有某种美感的。我们的城市或者乡村的一些雄伟的建筑就能够充分体现这一点。壮观的雕像或者雄伟的广场，都是人类运用心智的能量去改变物质的形态，从而使之产生一系列的变化。这些体现艺术价值的建筑在地球上的很多地方都能看到，这也是人类运用心智的一种典型表现。当然，更多的表现情况就是我们始终能够在日常生活中运用心智能量，去改变我们的生活。

每个时代，人类在机械层面上所取得的胜利，都是人类心智努力的产物。要是没有这些人的努力与创造力，人类可能依然处于野蛮动物的状态，缺乏足够的文明教养。有人说，人类之所以超越其他低等动物，就是因为人类有足够的能力去发明与运用工具，而这种发明与运用工具的能力则完全依赖于人类极为优秀的思考能力。蒸汽发动机正是这方面工具的典型例子，因为蒸汽发动机的发明，帮助许许多多的人节省了大量时间与财力，减轻了人们的劳动负担。而蒸汽发动机在制造方面的复杂性，则超乎了许多人的想象，其在细节方面的完善又是许多人所不敢想象的。可见，蒸汽发动机的发明就是人类发挥心智能量的一次最佳体现。

也许，艺术领域是与心灵领域联系最为紧密的，因为艺术品的出现几乎就是心智产物的一种展现。音乐、声学、乐器、独唱或者合唱，使用单一乐器或者交响乐，这些都是人类心智能量的体现。来自乡村的男孩可能会对着森林与山丘哼唱歌谣，或者站在一个造价不菲的音乐厅的舞台上歌唱——音乐无处不在，其展现的形式也是无穷无尽的。音乐就是人类心灵活动的产物，也是一种最能表现出作曲家内心细微变化以及激情能量的方式。雕刻家的梦想往往会在大理石上呈现出来，而那些画家的梦想，则是运用自己的双手在帆布上画出他们想要的景象。几乎所有杰出的艺术都是通过艺术品去展现自身的思想与心灵活动的，而这也是那些杰出人物思考的直接结果。我们生存的这个时代多么精彩啊！但是过去的许多残垣断壁却留给了我们许多遗憾，因为许多美好的艺术品都因为时间或者人为的因素而遭到了破坏。

除此之外，心智更为重要的一个产物就是在文学领域。无论是在文学作品的数量还是体裁等方面，都是让人震撼的。古代与当代的文学作品的质量都是比较高的，能够唤醒读者内心强烈的共鸣与赞赏。当然，最能够体现人类心智具有能量的方面，还是许多科学家在科学领域的发明与创造、许多哲学家在宗教或者文学等方面的造诣。这就像是一座古代就已经建好的纪念碑，每个路过的人都能在上面增加一块石头。只要人类持续存在，这样的情况就会继续。

就文明这个词语本身所具有的意义来看，无论人类处在哪个文明阶段，究其行为方式以及生活的持续性还有取得的进步，都可以说是心智单一且直接的产物。人类应该将除了地球本身存在的事物以及自然界的事物以外，其他人为的事物都归功于心智的作用。所有的宗教、政治乃至社会机构之所以存在，是因为这些机构首先存在于人类的心智当中，之后，它们就按照人类思想的模样在现实中找到了存在的基础。人类之所以成为万物之灵，超越地球上任何其他生物，就是因为人类是"最接近天使"的存在。

尽管我们认识到了这些事实，但也必须记住一点，那就是对当代科学家而言，他们在智慧方面取得了不俗的成就，有了许多发现，不断地拓展着人类的认知，让人类明白了心智所具有的绝对优越性以及多样性，是人类超越其他动物的根本原因。人类不断地推移无知的地平线，开始了解心智与自身的关系。最近几年的科学研究让人们意识到，人类是可以通过控制自身的心智，从而取得之前自己根本难以想象的成就的。人类可以不断站在制高点上，通过发挥心智与道德的潜能，取得更高的成就，这将让过去的人所取得的成就都显得黯淡无光。

在最近几年里，我们已经清楚地认识到，心智的行动就是按照一系列顺序所进行的行动，而心智也是人类行为的绝对控制者，指引着人类从事各种了不起的工作。心智就像是一台发动机，指引着我们无论在任何地方都可以做出任何事情。因此，正是通过这种控制，人类才成为心智专制的控制者，通过运用心智的能量，让自己去实现最大的潜能，成为自身命运的控制者。

第二章　思考对身体行动的影响

心智始终都处在一种思考的状态中。思考，就是心智处在运动状态时的一种活动。思想就是心智活动最后的结果。这只是对心智活动的一种阐述，绝对不是对心智本身的一种描述或者定义。我们都知道一点，那就是心智只能够通过自身对行动的意识去进行感知。但正是因为这样的一种意识，我们可以知道，当我们在谈论心智或者别的我们正在思考的东西时，我们能够知道自己到底在说些什么。

在追寻人类活动的各种起源的时候，我们会发现，在人类所有的活动当中，从顺序上来说，思考是最早出现的活动。也就是说，人类如果不是首先产生了第一个念头的话，他是不会做出任何举动的。

即便是在我们最懒散或者最习惯的情形下，不管我们对此是否有所察觉，在我们用发音器官说出某个词语的时候，这个词语必然已经首先存在于我们的思想当中了。思考活动可能是在我们发出声音之前极短的时间里就出现了，以至于我们根本察觉不到这样的思考是否存在过，虽然在我们说出这个词语之前，关于这个词语的思想就已经存在于我们的脑海之中了。同样的情况也适用于我们其他所有的表达方式，无论表达的形式如何，只要是表达，就必然需要我们发出声音，以一种外在的方式去呈现自身的某种意图、情感、思想或者感觉，而我们发出的声音是绝对不可能走在思想之前的。因此，我们做出的每一种行为都不可能超过或者跑赢我们自身的思想，而只能永远追随着思想的脚步。

机械师首先会做出计划，然后按照这样的计划去进行构造，当然他的这些计划都是自身思考的结果。建筑师可能会在他所建造的房子里找到一些缺陷，然后将其拆掉，再按照另外一个计划去做，这样的情况更加佐证了上面所提到的事实，那就是思想必然是走在行动之前的。因此，建筑师在建造房子之前，必须事先就对此进行思考，而他之后之所以要拆掉那间存在缺陷的房子，其实也是思考之后做出的行为。在这之后，他又重新想出了一个建设计划，于是开始了重建的工作。"如果说世界上还有一样东西对人类来说是不言自明的，那就是人类的意志在决定事情的走向方面有着重要的影响。"但是，意愿本身就是选择的结果，而无论是选择还是意愿，都是思考的一种模式而已。

这种行为出现的顺序，也可以通过一些简单的行为进行充分的阐述，就以我们举起自己的手作为例子。肌肉的收缩会引起手的运动，神经所传递出来的冲动会造成肌肉的收缩，大脑的一些活动也会沿着神经将这些冲动传递出去。思考本身就是一种具有动机的能量，要是没有了这样的能量，那就不会出现大脑、神经或者肌肉所表现出来的任何活动。而心智的能量则控制着大脑、神经与肌肉的能量，要是没有心智的允许，我们身体这架机器也是不会允许我们提起手臂的。正如要是没有了燃烧的火，水就不可能变成蒸汽，而要是没有了蒸汽的驱动，活塞就不会有任何运动，而要是活塞不运动的话，那么工厂里的机器就不会运转。

通常来说，心智之外的一些事情也会引起心智做出一些行动。但如果心智本身没有产生某些行动的话，就不会让我们的身体产生任何的行动。或者说，如果我们的心智没有以一种不同的方式去表现出来的话，身体的活动也不会做任何异常的行为。正是心灵的活动才让我们做出身体的活动，从而展现出我们自身的特殊品格。但是，就心智本身而言，它是可以在不受任何外在刺激或者影响的情况下运转的，而身体的活动此时也会依照心智进行改变，展现出心智活动本身就是整个过程中最为重要的环节这一点。

如果我们说所有外在的影响都能够对心智产生影响，那么心智依然是身体做出一系列行为背后的"始作俑者"，要是没有了心智的允许，我们的身体几乎不会做出任何的运动。另外一个强有力的证据可以从这样一个事实里找到，那就是如果我们失去了心智，就好比那些死人一样，是根本不会移动的。神经、肌肉、韧带以及骨头——这些身体的组成部分——都是非常神奇的组织，但只有在接收到了心智的命令之后，才能够做出该有的活动。就这些身体组成部分而言，要是没有了当事人心智所发出的指令，那么它们所具有的能量不会超过一根铁棍。

"人的所有行为都源于动机的刺激，这也是行动当事人展现出自身想法的一种表现。无论是动物所表现出来的最简单的还是最复杂的动作，无论是有意识还是无意识的行为，都是如此。无论是政治家的外交手腕还是科学家的科学研究，都是受到了内在动机的影响。"但是，我们需要明白一点，那就是动机也属于一种思考的形态或者心智的状态，因此，正如柯普所说的，所有动物表现出来的一切动作都可以归纳为一点，即它们都是受到自身想法的影响做出某种行为的。

生理学家对此进行了一系列的研究，发现了心智所具有的能量与手部的运动存在着直接的关系，而且这还是从物质本身的角度去进行观察的。从机械学的角度去看我们身体的前臂的话，可以认为这是一个杠杆。杠杆的支点距离给力点只有 1 英寸，距离另一端的重物则有 15 英寸左右。因此，按照机械原理，肌肉传递出来的力量是它自身的 15 倍。一个正常的成年人应该能够提起 50 磅重的物体，这意味着我们的心智通过作用于肌肉，产生了超过物体重量本身 15 倍的能量，也就是 750 磅的重量。这样的能量以磅为单位呈现出来，就是心智能量的一种表现方式。

但事实也并不完全是这样的。如果相同的肌肉群在 750 磅的重量下进行活动，我们就需要用一根木头将物体挂在两边，让物体到身体的距离实现等距，从而分散物体重量给身体所带来的压迫感。这说明了我们的心智不仅能够传递出背起重达 750 磅物体的能量，而且能够让身体肌肉累积同等的能量。相似的情况也存在于身体的肌肉活动当中。

心智行动、大脑活动、神经组织与身体的其他器官都存在着紧密与神奇的关系。正是通过这样的紧密联系，心智的某些行动能够让神经与肌肉都处于活动状态。没有人知道心智到底是以怎样的一种方式去影响或者控制大脑的活动的，也没有人知道神经到底是如何影响肌肉的收缩或者放松的。没有人知道心理与身体系统之间联系的媒介是什么，也没有人知道是否真的存在着这样一种媒介。我们只是知道一点，那就是心智能够按照某种恰当的方式运转，从而驱动其他活动按照顺序去进行。

关于这方面的内容，许多专家都进行了深入的阐述，他们提出了许多不同的理论与解释。一些专家坚持认为，心灵与物质之间根本不存在任何联系，因此他们认为，说这些活动之间的关系就是互为因果的关系，就显得太过了。但在现实的研究过程中，几乎所有的专家都认可一点，那就是如果心智没有处于一种活动状态的话，身体肌肉或者身体的其他部分是不会有任何反应的。专家们之所以认同这一点，是因为心智能够准确地发出某些指令，而身体则严格地遵循这些指令，毫无保留地完成。因此，一些天文学家说，正是太阳引起了太阳系其他星球的转动，但他们却始终不能找到太阳与其他星球之间存在具体联系的证据，甚至对这样的现象本身也无法给出让人信服的证据。

即便我们认为这样的关系并没有产生因果关系，而只是统一的次序方式所表现出来的假设是正确的，那么接下来必然会有许多相同的形态或者次序表现出来，用来表现这样的因果关系。从现实的角度来看，我们称之为一串反应次序或者一串因果关系，叫什么关系都不大。因此，我们已经可以清楚地看到一点，那就是这场讨论的主要目的就是，要认识到一点，即心灵活动可以造成身体的活动，而身体的活动则始终追随着恰当的心灵活动，它永远不可能在没有心智引导的情况下自行出现。

几乎所有人都会认可一点，那就是感知的事实可以证明身体的行动作用于心智。类似地，我们所产生的意愿，其实也能够以一种结论性的方式证明心智的行动可以作用于身体。比方说，疼痛可以被称为身体运动的一种表现，但是在疼痛与运动之间，却是心智行动对疼痛的感觉，并且直接作用于身体的行为。有了这样的指引与适应，疼痛本身才会与我们自身没有任何关系。有人可能会说，人之所以要吃东西是因为人会感到饥饿，在这样的情况下，人就受到了生理感知的影响。但对这种感知的察觉其实就是感知的心理能力，要是没有这样的感觉能力，人就不会感到饥饿，当然接下来也不会出现诸如肠胃消化或者物质吸收等复杂的身体活动。因此，在进行了上述分析之后，我们可以看到，正是心智的活动让我们的身体作出一连串的反应与活动。

　　对正常人来说，心灵对身体肌肉活动的控制能力已经得到了神奇的发展。这样的肌肉能够完全按照心灵的指引去做事，正如我们可以看到的一些运动细节以及精确度方面，都可以发现运动所具有的力量与能量。请注意那些写在纸上的文字，或者注意艺术家用画笔在帆布上所画的，或者观察一下音乐家的手指在钢琴上的弹奏，都是非常精确的，因为他需要按照内心的想法去演奏，正是这样的想法指引着他的手指演奏出他想要听到的乐曲。几乎在所有人身上，我们都可以看到身体的肌肉按照心智的指令，去完成一些精细与美妙的动作。有人称之为肌肉训练的结果。事实上，这是我们训练自身肌肉去服从心智的过程。如果心智对身体肌肉的活动有了这样的控制力，那么为什么心智对身体其他功能的控制就不能具有相同的影响力呢？

有人非常清楚地认识到，就是这样明显的区别反而经常遭到人们忽视。手臂的运动并不是意志能量作用的结果。一个人可能会通过意志能量让手臂按照他的意愿运动，但如果心智不按照同样的方式去做的话，我们是不会这样做的——除非心智所想的东西与意志的思想截然不同——否则，我们的手臂依然处于一种相对静止的状态。尽管如此，还是会有一些人认为，手臂的运动是由意志能量造成的，这样的事实依然摆在我们眼前，那就是意志能量其实就是心智能量，因为意志本身就是心灵活动的一种表现形态，也是自身选择的一种表现形态。而选择这样的行为本身就属于一种心灵活动，因此一般人认为身体的活动就是心灵活动的结果，这样的想法依然是正确的。

几乎所有人都可以清楚地认识到这些事实，这本身就说明了心智并不单纯只是身体状况或者行为的集合，也不是这些状况或者行为所产生的结果，而是某些与身体系统完全相反的东西，对身体进行控制与施加影响。当我们认识到身体的各种活动都能够按照上述思考去进行考察，就会发现它与心智的关系是完全一样的，于是这样的说法就完整了。

具有思考能力的心智同时具有移动、指引或者控制的力量。这集合了大脑、神经、肌肉、韧带以及骨头——最终构成了一具由心智建构与使用的、完美的人体机械。

第三章　有意的行动

可以说，几乎所有的身体活动都可以分为两种类型：一种是有意识的身体活动，一种是无意识的身体活动。

思考是引起有意识的身体活动的重要原因。这一论述的准确性是不言自明的，因为自我的意识、想法或者设计，本身就属于思考的范畴，而这种类型的思考方式，也是这一类型成串活动的重要原因。比方说，某人想去拜访自己的朋友，如果他之前从未产生过这样的想法，他是根本不会这样做的，因为他根本就没有这样做的动机。如果这样的想法从他的心中冒出来了，之后又停止了，或者他自己忘记了这样的想法，那么他也是不大可能去拜访这位朋友的。这样的例子虽然比较简单，却能够很好地证明这种论述的真实性。

人们忘记了自身之前产生的一些心理活动，或者没有意识到这些心理活动之前存在过，这并不能成为否认这些事实的原因。我们所做的许许多多的行为，都是在许多无法认知的思想的驱动下完成的，但这并不能成为我们否认这一论点的例外情形。相反，这样的事实反而更证实了这一论述的准确性。不管我们是否意识到这些思想的存在，思想始终都在心智的世界里做着自己的工作。

通常来说，人们往往可以回想起之前一些无法被察觉到的思想，这些思想都是他之前从未意识到的，或者因为没有出现连续的事情指向而无法让他对其保持专注。比方说，当一个人在全神贯注地阅读一本书的时候，是不会感觉到自己似乎正在一个小房间里与他人交谈的，甚至听不到他人跟他说的话，但在这之后，他却能够记得别人肯定跟他说过话，只是忘记了到底说了些什么而已。像这样的简单例子就可以说明一点，即思考通常都是在没有意识认可的情况下出现的，甚至连当事人对此都无法理解。心理学家认为，对人类来说，就其数目而言，无法被认知的思考，要远远超过可以被认知的思考。

一位娴熟的钢琴演奏家在演奏过程中所做的动作，就是一个非常好的例子。因为钢琴家在弹奏钢琴过程中的动作，都是一系列有意识训练与努力的结果，而到了最后，这一切都会变成一种自然而然的动作，甚至再也不需要经过他的任何思考，所以这样的想法，就无法被他的意识所感知。对于初学者来说，要想学好钢琴，就必须用心记住每个琴键的位置或者弹奏的技巧，在这个过程中，他对自己的每个动作几乎都牢记于心。无论是弹奏钢琴时身体的姿势、自己肩膀与头部的位置、如何控制手臂以及手指、如何迅速地按下每个琴键以及按下琴键的力度——所有这些都是需要初学者有意识地记住并且认知的。对他们来说，几乎每个动作都要经过先前的意识想法才能完成，当然这不仅包括我们该做怎样的动作，还包括我们该如何才能够完成这样的动作。经过长时间不断重复的基础训练，初学者产生的每一个意识都会沿着特定的渠道进入大脑神经，从而让我们感到无比熟悉，这样一来，之前强烈的意识就会逐渐弱化，继而为我们接下来从事更难的训练打下基础。我们在完成初级阶段的学习之后的想法就会逐渐消失，然后被更加困难的阶段所控制，直到最后我们所有关于学习的意识都消失了。因为我们每一步的学习都与接下来的学习存在着密切的联系，所以最后演奏者的有意识思想都会通过演奏表达出来。当然，这个过程需要演奏者能够充分掌握演奏的技巧，注重每个肢体动作的协调，让每个音符都能够恰当地组合，从而演奏出震撼人心的音乐。到了这个阶段，演奏者做出的许多动作都是无意识的，因为他已经习惯了这样的事实。要是之前没有有意识的训练，演奏者就会呆呆地坐在钢琴旁边，根本无法演奏出真正具有魅力的音乐。对于心智来说，我们的每一步训练都是通往下一步的阶梯，所以说一系列的动作都可以按照习惯的次序去完成。我们的每一个动作最后都变成了一种无意识的行为，不过在一开始，我们却需要有意识地保持注意力，并且抱有一个具体的目标。只有这样，有意识的行为经过不断的重复，最后才会变成无意识的思想。

巴尔德温就曾记录下这样一个有趣的例子。"这个例子是关于一位音乐家的，这位音乐家在一场交响乐演奏过程中，突然遭受癫痫症的袭击，但是他却依然平静地完成了演奏，而这一切显然是在他完全没有意识的情况下完成的。当然，我们在走路或者写作等方面遇到的其他例子，其实不过就是我们意识经验的一种夸张表现罢了。正如许多单一的运动体验，最后都会变成一个关于整体的思想，我们开始融合这种结构的冲动，也能让我们确保所有细节都得以落实。所以说，任何单一的神经反应都可以在一个复杂系统里得到融合。"但是，"开始的冲动"本身就属于一种心灵活动，要是没有这样一种心灵活动，演奏者根本就不敢站在台上进行表演。

这样的"开始的冲动"在演奏音乐的时候特别明显。因为演奏者之前已经对此训练了许多次，所以在他做出第一个演奏动作的时候，这一切都是自然而然的，在他看来已经根本不需要经过大脑的意识，接下来的第二个动作直到最后的演奏结束，在他看来都是自然而然的表现而已。始终思考着一系列思想的习惯，感知到每个思想都能够以一种不变的方式去替代接下来的思想，就是需要我们通过不断的重复去形成这样的习惯。一旦我们开始了这样的训练，这个过程就会按照有序的方式完成，最后甚至不需要当事人对此产生任何意识。但如果这样的习惯最终并没有建立起来，或者说，如果因为缺乏训练而逐渐荒废，我们就会面临巨大的困难。此时，有意识的思想就会唤醒我们，驱动我们去进行这样的训练。

重复去做一件事的倾向的事实，用巴尔德温的话来说，就是："一个动作的思想之前已经出现了，从而带动着这样的动作持续下去。当然，在神经中枢里，必然存在着一种积极的倾向，从而将实现这些动作的能量都释放出来。"

意大利心理学家莫索对此有非常高明的见解，他说："每一个运动（在走路过程中）其实都是比较困难的。每个人从婴儿时期开始学习走路，都需要经过一系列的困难。逐渐地，当我们掌握了走路的技能，走路这件事就不会成为需要我们意识反思的事情了。直到最后，走路成为一种自然而然的事情。也许我们不会将走路称为一种自动的行为，因为当我们缺乏走路的意愿时，我们是不会走路的。当我们下定决心要出去走路或者旅行时，我们就会出去走上一段很长的路，甚至都不会察觉到自己正在走路。很多人在走了很长一段路之后，晚上睡觉的时候会感受到极端的疲惫。当然，还有数不清的现象可以证明这样的事实，那就是任何运动一旦开始，都需要消耗我们的意志能量，一旦这成了我们的习惯，我们在进行这种运动的时候就会变得自然，根本不会察觉到这样的运动原来是存在的。""走路的意愿"其实就是思想，正是这样的思想，最终导致我们抬起脚步，迈出第一步。在接下来的过程中，我们的心智就会指引与控制身体这架机器，再也不需要我们有意识地这样做了。上面引述的莫索的话，也可以运用到任何复杂的行动中。笔者并不知道莫索到底是怎样想出这段文字的，或者他是怎样产生这样的想法的，他的意识思想始终与自身想要表达的内容吻合，但是他却并不会意识到自己其实是在持续地指引身体的活动，控制着自己的双手拿起笔，写下这样的文字。

绝大多数人都已经认识到了一点，那就是感觉上的刺激是缺乏连续性的。当我们的手接触到任何物体的时候，都会通过触觉让身体产生一种即时明确的意识。如果我们的手始终保持之前的位置或者没怎么用力地放在那里，这种意识就会逐渐消失。虽然一些活动的过程能够沿着相反的方向前进，但显然还是会有一些人认识到一点，即心智本身会影响身体活动的行为，其方式与感知刺激影响心智的方式是一样的。在感知刺激的过程中，连续的行动会导致感知从心灵的层面上逐渐消失。心灵活动所唤起的意识元素会以相同的方式来完成，虽然心灵活动始终都会通过身体持续下去。如果是这样的话，就为我们寻找那些消失的意识提供了足够的证据，即通过不断持续的重复行为，可以解释很多被称之为反思或者自动的行为。

所有这些都说明，"运动的思想"或者"开始的冲动"，就是我们去做某些行动的心灵意愿。正是这样的心灵意愿，驱动着我们的身体去完成一连串复杂的动作。因此，无论在每一个细小的问题上，无论注意到还是没有察觉到的思想，都是造成所有有意识行动的原因。

第四章　无意的行动

　　思考的过程不仅始终走在所有的人类行动之前，而且走在所有无意识行动的前面。

　　一个人并不会在自己想到要落泪的时候就掉眼泪。通常来说，这样的泪水都是不期而至的，而且都是在我们想尽一切办法压制无果后才出现的。尽管如此，他还是流下了泪水，因为他之前就已经有了这样的想法。对这类事实的解释其实非常简单。泪腺的功能就是通过眼泪来让我们的眼睛保持在一种滋润的状态。相同的细微与亲密的关系都是存在于悲伤的心灵状况下的，当然，泪腺的行动存在于其他思考以及肌肉活动的过程中。当我们的心智填充着悲伤的时候，泪腺持续增强的活动就会出现，眼泪就会不由自主地流出来。悲伤的思想能够作用于泪腺，从而刺激我们以相同的方式去实现这样的想法，并构成手臂移动的事实。在这个联系过程中，一个重要的事实就是，虽然悲伤并不能代表我们有意的行为，但还是因为之前某个特定的心灵活动所造成的。当悲伤的感觉消失之后，泪腺的这种过度的行为也会逐渐减弱，我们也就会停止流泪，脸部的肌肉也会恢复到正常的状态。

如果思考本身具有幽默、智趣的品格的话，各种完全不同的行动就会持续出现。身体的很多肌肉，特别是胸腔、喉咙与脸部的肌肉都会在思考进入一种激烈的状态时，处于一种痉挛的活动状态。这也充分说明了无意识的思考活动所带来的影响，因为它通常会在我们想笑的欲望不是那么强烈的时候出现，说明在这样的情形下，意识只是扮演着一个从属的角色。只有当要笑的想法停止之后，我们才会停止笑声，之后我们的内心就会填充着各种其他的想法。显然，这些肌肉的活动会对一个人的心智进行反馈，虽然其本身并没有要做出行动的意愿。

每个人都可以意识到一点，那就是许多身体上的改变，都是由心灵状况的改变所引起的。愤怒的心理状态让我们的心跳加速，让血液以更快的速度流过身体，让我们的脸色变得红润或者苍白。诸如悲伤或者愉悦等突然来袭的情感，不管是正面的还是负面的消息，不管是满怀期待还是最终失落——这些想法以及其他让人感到不安的思想，都会让我们的心跳加速或者减慢，甚至完全处于一种停顿的状态，当然这要视心灵活动的品格而言。恐惧的思想可能会让我们打冷战，并且让这样的肢体动作传输到全身，让血液从身体表面流走，或者引起身体肌肉的收缩与麻痹，接下来可能就会出现严重的症状，有时甚至会出现死亡。

腺状体在不知不觉中出现的变化是难以计数的。要是我们对一个饥饿的人说出某一道他特别喜欢的菜，这样的话语就会在瞬间让饥饿之人的唾液腺活动起来，这个过程都是自然而然的，可能当事人根本无法察觉到。当然，接下来，饥饿之人还会产生一系列消化、吸收等身体活动。现在，我们已经明白，这些都是思考的结果，虽然不同的思考会引起不同的身体变化，但有一点却是可以肯定的，那就是如果没有这样的思考，这样的活动根本就不会出现。但在此还需要明白一点，那就是这些想法都是无意的，我们甚至无法察觉到这些想法的存在，不知道自己之前竟然产生了这样的想法。

最近的生理学实验已经清楚地说明了一点，那就是每个人的想法和唾液的分泌都有着直接的关系，这些都是从日常生活的观察与实验中得到了证实的。当我们面对着自己喜欢的食物时，身体就会分泌大量的唾液与胃酸，即便我们尚未将这些食物吃到肚子里。除此之外，当我们知道了自己接下来要吃哪一种食物的时候，我们的肠胃也会分泌出不同的消化液，从而更好地消化这些食物。所以，每一种不同的事物都会引起肠胃分泌出不同的消化液。人们越是喜欢某一种食物，就会分泌出越多的消化液，因为只有这样才能够更好地进行消化。有时，甚至当我们看到或者闻到某种食物的味道，都会产生这样的行动过程。由于心理暗示或者各种行为的集结所产生的单纯心理活动，其实就已经足够了，因为单纯的愉悦感本身就已经能够让人产生生理上的活动。与此相反的是，当我们吃了自己不喜欢吃的食物时，消化液的分泌就不会按照上述的行为去进行。当大脑与肠胃的交流被切断之后，心智是不大可能向胃部及其腺体发出信息的，甚至在这个过程中，我们的胃部根本不会分泌任何消化液。这样的事实说明了一点，那就是心理刺激的存在，并不能直接引发随后的消化功能或者必要的消化液分泌。

这些实验都充分说明了一点，那就是消化的过程完全取决于我们的一些心理过程。与此类似的是，所有的身体行动都依赖于思考，不管这样的思考是有意还是无意的。要是缺乏这样的思考，或者说思考本身没有影响到身体的器官，那么这样的思想就不可能传递到胃部的腺体，我们也就不会有任何的身体行动。

但是，我们也必须记住一点，即在某个比较激烈的思想与结果之间或长或短的过程中，往往会出现一系列被忽视的心灵活动，从而吸引我们的注意力。之前观察到的状况可能会在这个系列的结束阶段出现，并且早已远离了引起其出现的原因。这种间歇性的无意事情的打断，会让我们觉得非常困难，有时让我们根本不可能发现最终的事件与产生的思考之间存在的直接关系。正是因为我们没有能力去追溯观察到的结果与真正的原因之间的事情，所以这并不能成为反对之前那个心灵活动走在所有行动之前的结论的理由。

每个敏感的人都知道，听到坏消息所引起的心灵波动，会严重影响到我们的肠胃消化。也许，这样的受害者在第二天醒来的时候还感到头痛欲裂。医生会告诉他，这是他的肠胃消化不良所引起的。当事人可能已经忘记了前一天的心灵状态，因此就会用诚实的口吻坚持说，头痛并不是心灵状态出现波动所引起的。但是，如果他没有沉湎在那些影响到他神经活动以及肠胃正常运转的负面思想当中，他就不会感到头疼。这种无意识的身体活动就是由自身的思想所造成的。当然，这件事也充分说明了一点，那就是某些观察结果是多么容易被人们所忽视。

心智的存在以及行动的必要性，可以从反射行动以及那些看似自动的行为中呈现出来。神经受到刺激，就会以外在或者表面的形式呈现出来。正如心理学家们所说的，这样的刺痛感都会被传递到中心神经节或者大脑，然后该区域就会出现某些行动。之后，另外一种冲动就会传递到外在的神经，从而影响身体的某些肌肉，产生某种行动。神经中枢的这些行动，或多或少都是比较复杂的。我们的身体行动都会受到外界的某些影响，而这些可以认知的外在状况都是从其他神经中产生的，然后传送到某些特定的肌肉，使之做出活动。当然，可能只是一个简单的抬手动作，或者让我们握紧拳头，用力挥出一拳等行为。又或者，可能是诸如将东西从一个地方搬到另外一个地方之类的事情。但是，人的活动并不单纯是类似于机械的行为。人们所做的一系列行为都是按照当时感知到的需求去做的。

不管人们是否意识到这一点，都会对受到打扰的神经终端产生某种心灵意识或者认知，因为正是这样的认知决定着我们采取恰当的行动，让我们从其他事情中选取恰当的手段去实现目标，让我们按照这样的情形去完成这些事情。无论在什么事情上，我们都可以看到很多选择或者判断，而选择本身就是一种基于意识的行动，因此这也算得上是一种心灵活动。分辨力必须要在选择的过程中扮演重要角色，而智慧也需要我们去指引这样的过程。只有心智才能够对当前的状况进行审视，然后决定自身是否要做出行动，从许多的可能性中选择一种，选择由哪些身体肌肉去做，然后再通过一些神经去传递这样的指令。

无论在哪一种情形下，肌肉的活动或多或少都是对周围事物的一种意识、分辨、选择以及判断的表现。我们所做的事情，与自身的心灵状况几乎是完全相符的。因为当我们不断重复这样的有意识思想，就会逐渐成为一种习惯，最后让我们完全失去对这些事情的意识，到了这个阶段，这样的行为就会被我们称为机械或者自动的行为。当然，很多人后天出现的一些倾向都可以追溯到遗传上，但是这样的遗传可能要追溯到几代人之前的祖辈。

完全专注于心智的思考，与任何外在的事物几乎没有任何的关系，但这样的思考可能会对神经组织以及大脑产生一定的影响，正如当外边发生什么事情时，我们的心智也会对此做出相应的反应。巴尔德温曾这样说："思想的暗示或者通过意识的暗示，都将必然被视为某种刺激的动力，从而对某个神经器官产生直接的刺激。"身体的所有器官都要受制于纯粹心灵状态的刺激，也就是说，某种神经的刺激，可能是源于心智的自我产生的行为。除此之外，心理学家以及生理学家们都持这样的观点，即认为这些思想冲动可能会改变已有的神经路径，从而产生全新的思想，让我们可以找到更好的行为方式。如果是这样的话，被割裂的神经路径就能够重新连接起来，甚至在神经细胞被移除之后，两端还可以通过媒介进行连接，直到最后重新联系起来，当然出现这种情况的前提就是断裂的距离不能太大。

还有"纯粹的非随意肌"，这是有人可能会采用的叫法，也就是说这些肌肉产生某些行动之前没有经过之前的思考。但事实已经证明了一点，那就是绝大部分的肌肉所做出的反射行为可以被清晰地说明，有意的行为都是经过不断重复之后，才渐渐被我们所忽视的。反射行为与我们所熟知的非随意行为之间的距离可能非常短，而这两者之间的分别，则很难去进行定义。在很多时候，我们都很难对所谓的反射行动或者非随意行动进行分辨。一些生物学家就是从已知的事物去推断未知的事物，他们认为所有这些行动都是意识思想带来的结果。要是能够让每个人都认识到，心智始终伴随着生命，未曾有一个时刻远离生命本身，并且生命是意识的祖先或者创造者，那么这些生物学家的理论就显得更加可信了。在此基础之上，心智能够与生命本身进行连接，其所产生的能量会让非随意肌发生运动。

心脏每时每刻都在跳动，我们却几乎都会忽视这样的事实，但我们知道，在很大程度上，心脏跳动的频率会受到自身心灵状况的影响。诸如不安、悲伤、恐惧或者欢乐这样的情感，都会对心脏跳动的频率产生不同程度的影响。虽然我们尚未发现心智对于维持心脏持续跳动方面的直接影响，但是当人的心智消失后，比如在人死亡之后，心脏也会停止跳动。这样的事实几乎对于所有所谓的非随意肌器官来说都是如此，这也说明了某种程度的心智活动，其实对于维持人的生命是有帮助的。我们并不会故意去想着让心脏跳动，正如我们并没有想故意让眼泪流下来一样，但是我们的思想却让眼泪流了下来，我们的思想却让心脏不停跳动。在某种情况下，我们意识到自己存在着这样的思想，而在另外一些情况下，则可能不会感觉到这些思想的存在，正如钢琴演奏者在刚开始学习的时候，都会有意识地记住自己的每个动作，在娴熟之后则会忽视自己手指在琴键上弹奏的过程。

生理层面上的身体是与任何外在的事物都分离开来的，因此肉体本身就是一个具有惰性倾向的物质集合，其本身没有能力去产生任何行为。因此，身体的所有行动都必须要由身体之外的其他东西产生。

产生这种行动的东西就被我们称为心智。

当然，思想走在行动前面，并且引起了一系列我们能感知到或者感知不到的行为，这样的结论是成立的。因为这两种类型的行为，几乎囊括了人类所有的行为。行动源于思想，或者说源于心智行动。心智行动与思想始终是先出现的，然后与身体行动产生联系，从而导致了最后的结果。

第五章 一般的论述

　　思考是决定一个人是怎样的人以及他做什么事情的根本原因。因为心智具有思考功能，所以心智本身的活动也走在思考活动之前，而我们所做的一切活动都源于思考的结果，归根结底，心智就是走在最前列的。在我们之前谈论到的所有事情中，心智是造成所有这些活动的根本原因。当然，这并不是一个全新的观点，它也没有任何神秘的色彩可言。几乎每个正常人都可以理解这样的理论，因为他们都可以对自身的心灵活动进行观察，更重要的是，因为这是属于他们自身经历的一部分，所以，每个人都可以从自己的心灵中找到这个论述的证据。

　　到目前为止，我们依然是站在表面的角度去进行考量，而演绎的过程都是以诱导的方式进行的。当然，还有其他重要的方法，比如归纳法，但无论使用哪一种方法，最后都将得出同样的结论。不过，换一种方法去做的话，将会有助于拓展我们看问题的视野，让我们在更大的范围内运用这样的理论。

第六章 其他专家的看法

当代一位著名的作家有感于苏格拉底说过的一句话，他曾这样说：我们永远都不应该询问到底是哪些人在宣扬什么教义，而只应该去了解这样的教义是否具有真理。一个哲学原理或者原则，一旦变得清晰且通俗易懂，就不会因为任何权威的支持或反对而削弱其正确性。虽然这是不容否认的事实，但一些最为睿智的人在看到其他睿智的人对自己的观点持一种肯定态度的时候，自信心还是会膨胀。因此，当一些人看到其他人在某个研究领域比自己更加用心、做出更大的发现的时候，他就会为自己辩解，找出一大堆借口。可见，人的心智活动始终走在身体活动之前，因为这样的原因能够引起最后的结果。

克拉克大学的霍尔校长在位于波士顿的美国医学生理学协会上发表演说时说："身体与情感之间的关系是最为紧密的，每当我们的思想发生了变化，我们的身体肌肉也必然随之发生变化。"与此同时，他还暗示一点，那就是在思考的过程中，依然有可能对身体的肌肉进行某种锻炼。按照霍尔校长的观点，恰当的思考过程有助于肌肉保持自身的活力。

普林斯顿大学的巴尔德温教授也发表了自己的观点，他认为："每一种状态下的意识，都会通过恰当的肌肉活动展现自身的状态。"

哥伦比亚大学的斯特朗教授这样说："近代的心理学家在给我们灌输一个观点，那就是所有的心灵状态都会引发一连串的身体变化——简单来说，就是意识最终能够让人做出某种行动。对于欲望、情感、欢愉、痛苦或者对诸如感知与思想这些看似缺乏冲动的状态来说，都是如此。简言之，这几乎囊括了我们心灵生活的全部范围。当然，身体所感受到的影响并不局限于随意肌，更在于心脏、肺部、胃部以及其他内脏或者血管等方面出现的改变，当然也少不了对腺体分泌所产生的影响。"

哈佛大学的詹姆斯教授这样说："所有的心灵状态（就其功用性而言，不管其处于怎样的状态）都会伴随着某种类型的身体活动。这些心灵状态往往对呼吸、血液流通、肌肉一般性的收缩、腺体分泌或者其他内脏活动产生不知不觉的影响。即便心灵状态没有对随意肌产生比较明显的影响，这样的情况也是存在的。不仅是在某些特定的心智状态之下（比如自愿），还有心智所处的一般性状态，这不单纯包括思想或者情感，因为这些都是造成最终结果的动力。"我们所使用的语言不可能更加肯定或者更加清晰了，但在这之后，我们也许可以用相对缺乏技术性的语言去描述这样的事实。

"事实上，根本不存在着分类的意识，无论是在感知、情感或者思想等层面上，这些都不会产生直接的影响，或者释放出某种驱动的效果。驱动的效果并不总是我们外在行为的一种体现。可能只是我们心脏跳动或者呼吸方面的微调，或者血液流通的一些细微改变，从而以脸红或者脸色苍白的表象呈现出来，或者以流眼泪等情况作为表现。但无论在什么情形下，只要意识还存在，这样的意识就会以某种形态存在。很多人认为这是现代心理学中一个最基本的理念，认为任何一种有意识的过程都可以形成某种活动，不管这些活动是开放式的还是被隐藏起来的。"

耶鲁大学的拉德教授这样表示："即便是从身体变化所具有的单纯生长力而言，都要取决于我们心智之前所处状态所具有的品格。"

哈佛大学的蒙斯特博格教授在洛威尔机构发表演说时，就曾谈道，哪怕是一个最为微弱的想法，都有可能影响到我们整个人的身体。他接着说："在我们的心智里，构成任何思想的一个微粒，都必然是引发外在表现的一个起点。"当然，我们也可以用更加通俗的语言去表达，那就是心智的思想是引起人的身体作出反应的原始动力。蒙斯特博格教授在阐述这个观点的时候，举了一个例子，就是我们的思想会在一分钟之内让皮肤排出更多的汗。科学家们使用了准确的仪器证实了这一点：一个人的思想，的的确确会对这些腺体分泌的强度产生影响。

哈德森这样表示："任何科学家都不会否认，在我们的内心存在着一个核心的智慧源泉，这个智慧源泉控制着身体的各种机能，通过交感神经系统让非随意肌做出行动，然后让身体这架机器保持正常的运转。"

一位著名的法国心理学家的观点可以正确地解释有关恐惧或者其他情感方面的问题。他这样说："如果我们对危险感到无知的话，那么我们根本就不会对此感到恐惧。"几乎每个人都有过这样的一种体验。正如每个人都知道的，恐惧代表着一种心灵活动以及状态，因此恐惧产生的影响必然是心灵活动所产生的结果。

下面一段话能够比较综合地阐述这个观点："他们（心理学家）都认可一点，那就是在对一个符合逻辑的需求进行反馈的时候，每一个精神的事实都必然需要生理层面做出反馈。"但詹姆斯教授在他的著作《与老师交谈》一书里曾这样表示："心灵因素自然而然会以外在的行为终结。"在此基础上，他还说这样的事实是不可避免的，因为这样的思想本身就会从他手中的笔下写出来。

英国著名的自然学家罗曼尼斯遵循着相同的研究方向，他说肌肉有选择的收缩，其实就是衡量心智的标准以及意识的一种指标。他发现能够做到肌肉有选择收缩的动物其实依然停留在最低级的层面上。他还说："所有可能存在的心灵状态都有其自身存在的信号。"这些信号必然会通过外在的情况表现出来，而这样的外在表现也是通过心灵状态呈现出来的。

普林斯顿大学的麦克科什教授在谈到情感的时候，这样表示："情感始于一种心灵活动，而这样的心灵活动究其本质就是心智的一种活动。如果我们审视任何一种情感，始终都会发现，一种思想可以作为其中任意一个的整体基础。"

我们在上文已经引述了意大利心理学家莫索教授的观点，不过莫索教授还建造了一个趋于水平状态下的仪器，能够让人的身体处于一种平衡状态。这个仪器会按照人的呼吸频率摇摆。莫索教授说："如果我们对某个水平躺着的人用绝对柔和与平静的语调去说话，躺着的人就会产生朝着向上移动的倾向，他的双脚会变轻，而头部则会变得沉重起来。这样的情况是会发生变化的，如果实验者身上的疼痛没有消失的话，他就不会想着要改变原先的呼吸节奏，从而让血液都集中往大脑方向流去。"

莫索在谈到该实验的时候，还指出："当试验者处在睡眠状态的时候，如果想进入房间的人去触摸房门的把手，试验者的头部可能会轻微地移动，但他整个身体可能依然保持现在的位置五到六分钟，甚至能够保持十分钟的静止状态，当然，这要取决于试验者在睡眠过程中感受到的不安程度。当一切安静下来之后，我们就会听到咳嗽、用脚擦地或者搬动椅子等杂音，试验者的头部就会再次轻微移动，而身体的其他部位依然会在长达四到五分钟的时间里保持静止。关键是在这个过程中，试验者不会注意到外部的环境，也不会醒来。我这个试验就说明了一点，哪怕是轻微的情感刺激，都会让血液朝着大脑的方向流去。"

这些试验都证实了一点，那就是哪怕心理活动最为轻微的改变，血液的流向都会发生改变，从而大量流经头部，这可能会影响到整个身体的平衡。试验同时还说明一点，那就是哪怕思想发生了轻微的改变，都会产生生理影响。正如那个在睡眠状态下的人，他所产生的思想可能是他之前从未察觉到的，所以他不可能从睡眠中醒来，因为他根本没有意识到这样的事实。

耶鲁大学体育研究院的威廉·安德森教授也对大学里的运动员做出类似的观察，发现了相同的结果。他让一个人身体平躺在桌子上，处于一种绝对平衡的状态。如果这个人在心里幻想着自己进行体操训练，他就会发现自己的双脚在下沉，这就是他在思考着移动双脚，但他的双脚并没有出现移动。这说明了思考本身会让血液传送到双脚，即便他本人处于一种静止状态中。在记录下实验结果之后，他又让学生保持之前的平衡状态，经过一段时间的心理测验，发现学生的身体重心朝着头部移动，从 1/16 英寸到大约 2.5 英寸不等。

安德森教授这样说："从事让人愉悦的运动，以及那些让人感到恼怒的运动的实验，说明了人在从事感到愉悦的运动时，身体血液的流动速度要比从事恼怒的运动更快。愉悦的思想能够让血液流向大脑，不愉悦的思想让血液的流动缓慢一些。"不仅是思想本身的影响，更重要的是这种思想的品格或者质量都能够影响到生理活动。一位古代诗人曾经这样说："做让你出汗的事情，并且沉浸其中。"

也许，思考的行为对产生不正常的极端生理状况下出现的红斑，依然是无法解释的。阿西斯城的圣·弗朗斯可以说是这方面最好的例子。他对耶稣基督的伤口进行沉思的程度几乎到了走火入魔的阶段，长时间专注的思考与沉迷最终让他的身体出现了类似于耶稣基督被钉在十字架上的伤口。不仅如此，他的手臂、双脚都出现了被钉子钉过的伤痕。即便在他去世之后，人们想要擦掉这些伤痕，都无济于事。从圣·弗朗斯之后，大约还有 90~100 个这样的例子。在很长一段时间里，人们都认为这是他们自己故意造成的伤口，或者认为这些故事都是伪造的。当然，其中一些可能有夸大的成分，但其他一些例子则真实到可以消除我们所有的怀疑。关于心理暗示对生理的作用是所有人都知道的。现在的实验都是在高级的实验室里完成的，通过对心灵活动的刺激发现了类似于那样的红斑。诸如此类极端不正常的生理状况完全是由思考所造成的，当然，要想保持健康或者快乐，我们也可以通过心理的调节去实现。

华盛顿心理与生理实验室的艾尔玛·盖茨教授则用完全不同的方式，展现出心智行动具有的相同驱动影响以及效果。他讲述将手臂插入一个装满水的水壶，直到水壶里的水溢出来。在这个过程中，他始终保持着自己的位置，没有任何移动。然后他将自己的思想转移到了手臂上，结果发现血液都往手臂上流去，导致水壶里的水继续满溢。这个例子从另外一方面阐述了莫索教授与安德森教授所提出的观点。

盖茨教授的实验并没有就此结束。每天，他都将自己的思想转移到手臂上，还会持续一段时间，想象自己的手臂在逐渐变大，而且变得越来越有力量。他也向其他一些人讲述这个方法，从而让身体的其他器官也出现类似的变化。盖茨教授的实验证明了霍尔校长的论述是准确的，即肌肉不仅可以通过锻炼增强能量，通过思考的过程也可以得到增长。

上面所讲述的只是比较简单的例子，盖茨教授还通过全方位且让人信服的实验证实了一点，即思考本身是能够对身体产生影响的。盖茨教授发现了一点，那就是心灵状态的改变，能够改变排出身体的汗液的化学成分。当我们使用化学试剂去对这些汗液进行检查的时候，就会发现那些愤怒之人排出的汗液会呈现出一种颜色，而那些悲伤之人排出的汗液则是另外一种颜色，几乎处在各种不同心灵状态下的人所排出的汗液颜色都是不一样的。不断重复这样的实验过程，就可以发现每个人的心灵状态，都能够展现出某种特殊的结果。这些实验都非常清楚地说明了一点，就像詹姆斯教授所说的那样，即每一种类型的思考方式，都能够通过对腺体或者内脏活动产生影响，从而产生不同类型的化学物质，最后通过汗液排出体外。

当参与盖茨教授实验的志愿者呼出的气体通过一个管道，再用冰块冷却之后，就会让原先变化无常的物质变得稳定，最终变成一种无色的液体。盖茨教授要求志愿者不断朝着试管呼气，同时让志愿者愤怒起来，五分钟之后，试管之内出现了一些沉淀物，这说明了心灵状态的变化会导致生理活动出现变化，从而产生另外一种全新的物质。愤怒会在人体内产生一种棕色的物质，悲伤则会产生一种灰色的物质，悔恨则是粉色的，等等。在对排出的汗液进行研究的过程中，每一种思想的状态都会让人产生某种特定的物质，而这些物质都是我们身体不断努力想要排出去的。

盖茨教授得出了一个非常明确的结论，他说："每一种心灵活动都会产生一种明确的化学变化，以及在动物的肢体结构上产生一种明确的改变，这一切的根源都在于心灵活动。"他接着说："人类结构下的心智可以通过恰当地运用意志的能量，产生大量的分泌与排泄物。如果心智活动能够对身体的细胞或者机能组织产生某种化学影响，就会伴随着正常的生理过程以及心理过程呈现出来。而心智的活动是压制、加速或改变这个过程的唯一途径。这就需要我们用恰当的方式去做，改变这一心理与生理的过程，使之循着正确的方向前进。"也就是说，改变这些精神过程最为有效且最佳的方法，就是改变我们的思想。盖茨教授接着说："对人来说，无论是健康还是疾病，其实都是心智活动的结果。如果我们知道如何控制心智活动的过程，就能够治愈疾病——而且可以说是治愈所有的疾病。"在另外一个场合下，盖茨教授说："心智活动能够产生一种机能结构，而这样的结构则是心智活动的充分体现。"

爱丁堡大学逻辑与形而上学研究会主席安德鲁·塞弗教授也完全同意盖茨教授的观点。他在一场研讨会上谈到了心智所具有的优先地位，他这样总结道："从任何层面上来看，身体的结构组织都是走在智慧与意志之后的，身体只是意志运行与使用的一种途径而已。从严格意义上说，意志能够创造出反射机制，之后帮助我们实现这些功能。但是，意志却代表着一种心灵行动或者状态，因此心智活动在所有行动的次序中，始终排在首位。"

柯普教授在他详尽的演说里，用清晰简短的话语表明了心智的优先地位及其所具有的创造性能量。他说："结构就是心智通过对物质进行控制所产生的影响。"可以说，没有比这更加明确的阐述了。几乎生理的所有结构都是通过心智创造出来的，所以心智活动是人类所有活动的一个根本原因。

克里斯蒂森这样说："生物学上有这样一句话，那就是功能走在机能之前。同样，我们也可以说正是身体的必要性才让这些功能不断得到发展。从相同的意义上看，我们可以说事物存在的必要性是发明的源泉。显然，使用这样的途径去实现某个特定的目标，说明了某种特殊潜能之前就已经存在了，而这些潜能只是尚未得到开发而已。因此，在大脑成形之前，人的心智肯定就必然已经存在了。"换言之，正是这样的必要性首先存在了，之后才可能产生任何一种行为。但是对这种必要性的认知其实就是一种心灵的行为，而这样的心灵行为又走在所有其他行为的前面。

达尔文学说最好的赞同者，著名的拉马尔科教授这样说："真正形成习惯或者某种特殊功能的力量，并不存在于器官或者身体的本质属性上；相反，习惯、生活方式以及个人所处的环境都与此息息相关。经过一段时间的训练，这就会变成身体行为的一种常态，从而影响身体器官的运转，让身体器官能够发挥正常的功能。"

柯普教授说："一般来说，按照时间顺序来排列的话，生命是走在身体结构之前的，而我们的论述也是基于这样的大前提。"在谈到与"使用或者功能法则上"的联系时，柯普教授接着说："无论是在直接或者间接的层面上说，动物的结构都受动物本身行为的影响。因为动物的动作首先是由感知、意识所决定的，而意识则是动物形态演进的一个首要因素。一个行为的发端其实就源于意识。"所有这些都指向了一个事实，那就是心智是机能结构的发源，因为意识就代表着心智的某种活动。

埃文斯教授在谈到初始行为的时候，也谈到了相同的一件事。他说："动物体内的微生物就好比是植物的种子，每一个能够在未来发育的集体都具有富于生命力的思想。这样的思想会按照自身的形态去建构起来。正是这样的功能（思想）创造出了恰当的器官，而不是器官本身就具有这样的功能。比方说，心脏是用来跳动的，心脏这样的功能，在心脏肌肉仍处在原生质果胶的状态下，就已经拥有了。所以说，正是功能，或者说思想，能够在机能层面上得到展现。因此，我们可以说，这样的功能或者思想对于整个身体的出现都是必需的。"

这种先后顺序的排列肯定会得到无限的延伸。上面所引述的专家观点已经能够充分证明一个最为基本的观点，即思考是所有行动里最先出现的，所有的身体行动都追随着思想的指引，从而产生最后的结果。

第七章　心智与身体的相互关系

　　心灵行为与身体行为虽然有着极为明显的区别，但两者却也存在着极为紧密的关系。它们的关系就好比白天与夜晚，其间有黎明与黄昏。人类的心灵行为与身体行为同样存在着这样的关系，我们能够像分辨白天与黑夜那样分辨出心灵行为与身体行为。本章的目标，就是要让读者能够对这两者存在的相互关系有一个明确清晰的认知。它们的关系可以按照下面的顺序进行排列：

　　第一，心智行为或者说思考，不管是有意的还是无意的，都要走在其他行为的前面。

　　第二，心智行为始终都伴随着某种生理或身体的行为，不管我们对这两者的关系或者联系有怎样的解释。

　　第三，心智能够察觉到自身对身体行为或者状况所产生的影响。

　　第四，排在第二的心灵行为能够与排在第一的、已经存在的心灵行为或者状况联系起来。这两种行为联系起来，反过来又会以相同的方式对第一种行为产生影响。当然，这其中需要第二种行为所赐予的能量。这样的能量可以得到不断增加、强化，否则身体行为或者状况就不会出现任何改变。

也就是说，当人们察觉到身体状况出现的变化是因为首先出现的思想所导致的时候，产生的这种心灵状态其实早就已经存在了。因此，一种全新的心灵状态之所以会出现，就是因为它是由原始的思想所组成的，继而让身体产生了第一次的行为以及接下来的行为。按照这样的顺序，这两者会再次结合起来，从而将两种行为的能量聚集起来。通过这样的方式，心灵行为与身体行为都会追随着彼此，直到出现某些影响心灵行为前进或者改变的事情。

现在，我们可以非常清楚地看到，无论在什么情形下，心灵行为与状态始终都走在身体行为的前面。不仅心灵行为首先发源于身体行为，心灵行为本身之后也会通过身体行为得到不断增加与强化。心智正是通过对身体状况的认同，最后通过身体的行为才最终影响到身体进一步的改变。

正如之前所说的，心智可能是始于思想之中的，而这是独立于任何外在事物的。因此，我们几乎可以说，我们经常会"感觉"到纯粹的思想，也就是说，我们可以认识到身体状况的改变是伴随着心智的影响，而不是因为任何其他的原因。正如詹姆斯教授所说的，这是一种非常必要的存在。"所有的心灵状态都会伴随着某种身体的活动。"即便是那些我们无法注意到的思想，都可能引起自身的情感或者特性，最终通过事实呈现出来。如果心智里面察觉到的思想发生改变的话，这样的情感将会随着思想的改变而发生改变。正因为思想本身是所有情感的源泉，并在之后为我们所熟知，心智甚至会注意到自身的行为以及身体其他部位或者外在事物所带来的影响。这三样东西甚至可能在心智中导致更进一步的影响，最后才在身体上表现出某种行动来。

初始阶段的心灵行为，也就是所有行动系列中最开始出现的行为，几乎可以说是即时出现的。这样的初始行动通常都会被正在进行思考的人所忽视。但我们没有察觉到这样的事实，并不能改变这个事实是存在的现实，也不能阻止这样的初始行动在体内所产生的影响。因为我们并不总是能够察觉到心智初始或者原始的行动，因为接下来的诸多行为通常都是由某些特定的精神状态所造成的，从而组成了这个系列的第二个动作。很多人都会将第二个动作错认为最初始的动作。诚然，在心智本身注意到身体所处的状况这些信息时，的确会影响心灵的行为，正如当心智注意到任何其他行动或者与身体相关的外在行动的时候，也会出现这样的情况。但是，我们绝对不能忽视这样一个事实，那就是如果心智不能对这种身体状况有所察觉，身体就不会出现任何变化。除此之外，几乎在每个例子里，我们都可以看到，不管是否察觉到了身体状况出现的变化，这样的身体状况本身就是之前存在的心灵行为带来的结果。

这一行为发生的次序可以通过下面这个人遇到熊的例子展示出来。第一，人事先就在脑海里存储了许多关于熊是危险动物的印象。第二，当他看到一只野熊出现在树林里的时候，存储在脑海里的这些想法就会浮现出来，让他感觉到危险降临。第三，正是因为他这样的思想，也许他自己都没有意识到做出了这样的行为，他就决定自己必须离开这里，摆脱危险。第四，为了执行这样的思想，他撒腿就跑。逃跑这样的动作就是身体行为的表现，而在这样的行动之前，人的脑海里其实已经进行了一连串复杂的思考活动。如果他之前没有关于熊是很危险的这种思想，或者没有意识到熊就在自己附近（这也是一种心灵活动），那他根本不会跑。正是那种造成他恐惧的思想最终促成了他逃跑的动作。第五，当他迈开脚步，开始逃跑的时候，心智就会注意到随着自己的跑步，身体出现了一些全新的变化，而这些变化可以说都是不和谐的变化，只能继续增强之前那些不和谐的想法，虽然他之所以逃跑是因为之前的恐惧思想，但他的逃跑却是因为自己感到的恐惧，逃跑的行为反过来又增强了恐惧的心理，导致他跑得更快。第六，出现的这种全新恐惧状态就是因为他觉得自己需要跑步离开危险的熊造成的，但逃跑的行为只能够增添恐惧感，接下来就开始出现恐慌的情绪了。第七，当他意识到自己跑到一个相对安全的地方，觉得自己已经很安全的时候（此时这样的意识其实也是心灵活动得出的一个结论），那么安全的感觉又会重新取代之前的恐惧心理，从而让他停下奔跑的脚步。

他所面临的情况可能会更加糟糕。当他意识到熊就在附近，想到这样的坏事情竟然发生在自己身上的时候，他可能会变得极度紧张，导致出现身体瘫痪，根本无法移动的情况。他感受到这种强烈的恐惧，就是因为意识到了自己没有能力移动身体，从而导致身体似乎失去了能力。最后，他有可能因为这样的惊吓而死去。他的恐惧思想最终将他杀掉了。

如果纯粹从生理层面去看待这个问题，生理学家会告诉我们，人体内存在两种神经纤维，这两种纤维都是与神经节联系在一起的，每一种神经纤维都具有完全不同的功能。詹姆斯教授就曾在他的著作

《心理学简介》里用非常明确的语言阐述了他的观点：

　　如果从解剖学的观点去看，神经系统主要可以归为三大类，包括下面三种类型：

　　1. 那些负责传送神经信息的纤维。

　　2. 那些负责重新指引神经信息的器官。

　　3. 那些能够执行这些信息的神经纤维。

　　如果从器官的功能层面去看，我们可以看到诸如感知、中枢神经的反射以及运动，这些都与神经纤维的各个分类形成反馈。

　　詹姆斯教授提到的第一种神经纤维，其实就是那些能够让我们对来自外部世界的消息产生全新意识的。这就好比当我们的手指触碰到一个针头的时候，会感到无比刺痛。我们听到火车引擎发出的轰鸣声，或者看到一个动物的身影或任何外在事物的景象，这些都是感知可以告诉我们的。第二种神经纤维，或者说"重新指引神经信息的器官"，也就是指大脑与神经节，或者拓展到诸如神经中枢等器官，这些器官都是可以不需要从外在的世界里接受这样的改变，从而让我们在缺乏感知的情况下去做出机械的行动。这样的行为也只能够通过智慧传送的间隙去进行解释，因为每个行动都需要按照先后顺序去完成。每一个神经节都是一个可以让心智能够与之进行接触的器官，从而让我们更好地对此进行控制或者更好地对自身的行为施加影响。至于最后做出怎样的行为，这都取决于心智在接收外在印象的过程中所保持的自律程度，此时，心智活动似乎能够通过自身传递出来的信息，对外在的物质进行控制。最后，第三种神经纤维能够让这些器官做出一系列遵循心灵指引的行为，做出一些符合规范的行为。

耶鲁大学的拉德教授也曾用富于技术性的语言准确地描述这些行为以及神经功能，从而让我们对外在事物以及接下来的身体行动更好地产生感知。

我们必须要明白一点，那就是刺激所产生的机械或者化学上的行动会对感觉器官产生影响，从而引起向心神经的轴突出现神秘的分子活动。而这样的活动本身会逐渐扩散，表现出毫无规律的状态，最后进入中枢神经里面。这个过程虽然显得无比神秘，依然无法为我们所理解，但却为我们产生有意识的感知提供了一个重要的基础。要想了解这些事情，我们就需要知道这些感知的器官到底存在于什么地方。这需要我们通过严谨的科学研究，从生理与心理及精神层面解答其中涉及的最为重要的问题。

第八章　外在事情的影响

思考是人类所有行动中最先出现的行为，但在很多情况下，外在的事情看上去却是走在思考活动前面的，并且让我们直接产生了这样的感觉。无论外在的事情对我们的思考具有怎样的暗示，行为发生的次序依然会继续出现。

第一，外在的事件发生了。

第二，我们开始对这些事件进行思考。

第三，我们做出了一些源于思考的身体动作。

第四，我们陆续做出一系列的行为。

当我们看到某件事情发生了，就会对这样的事情进行思考，之后就会做出行动，最后这样的行动就会产生一些结果。影响着我们行动以及决定这些行动所具有品格的因素，其实就是我们的思考，而不是这些行为发生的先后顺序。很多人错误地认为，外在事件是影响我们行为的最大力量。我们之所以会落入这样的错误观点之中，其实就是因为我们未能很好地注意到思考这个过程本身所具有的价值。

设想一匹受惊的马从主人手中逃跑，朝着一个正在大街上玩耍的小女孩冲过去的情景。大街上其他行人肯定会预感到即将发生的事情。其中一位行人可能会充分发挥自己的想象力，但却根本没有调动自己的心灵活动，只是想想，自己就陷入了无尽的恐惧当中，并且最后因为恐惧而全身瘫痪。另一位行人可能只是想到了自己可能会遭遇的危险，呆呆地站在那里，或者全力奔跑，想要摆脱这样的危险。还有一位行人则是双手束胸，不断比划着手势，也许还出现了大声叫喊的情况。他们做出这样的行为，其实都是因为自身的心灵受到了外部的影响，从而让原先正常的思想陷入一种混乱的状态，引发了内心的恐慌情绪。要是在场的某个人之前就已经见过这样的情形，他可能就不会对此感到过分担忧，也不会做出与此相关的动作。还有一位行人也看到了与其他几位一样的情景，但他却产生了一种完全不同的想法。他会急中生智，马上估算马与自己的距离，同时计算马奔跑的速度，然后想着用最快的速度朝着那个小女孩冲过去，营救她，使她免于危险。

在上面的论述里，我们可以看到：第一，逃跑的马这一外在的事件会给人们带来各种不同的心理暗示。第二，每个人都会产生不同的想法。第三，每个人都会根据这样的想法做出不同的身体行动。

虽然这些人都面对着相同一件事情，但他们却做出了不同的反应，归根结底，最后决定我们做出何种行为的因素，始终都是我们自身的思想，而不是外在发生的事情。这是没有任何例外的。无论是在面对外在事情、心理暗示或者行动之间，走在最前面的肯定是自身的思考。要是没有了这样的思考，我们根本就不会做出任何行动。任何外在的事件或者心理暗示都不可能决定我们该采取怎样的行动，因为它们都没有那样的权力。最终决定我们采取什么行动的，只有思想本身。无论是对大人还是小孩而言，他们做出的身体行动都需要遵循这一事实。无论是在面对重要的事情还是微不足道的事情，不管我们是对此有所观察还是毫无意识，事实都是如此。

在上面提到的那个例子里，在场的每个人之所以会做出不同的行为，就是因为他们产生的思想是不一样的。最原始的区别就在于他们思考的区别。大街上的每个人都看到了相同的一件事，如果说发生的这件事具有某种控制或者指引的力量，那么每个人都会做出相同的行为或动作，就不会出现每个人都做出不同反应的问题了。而事实上，在场的许多人做出了迥异的行为，就是因为他们产生了不同的思想。

倘若有两个人在一个农场里走路，他们都在不经意间看到了一群羊在吃草。其中一个人可能会产生一种喜欢上这些动物的想法，对这些动物充满了兴趣，并且怀着愉悦的心情看这些羊。另一个人的想法则可能朝着与第一个人完全相反的方向前进。他可能会对这些羊群产生一种恐惧心理，而这样的恐惧心理不断地在他的脑海里重复，让他开始感到惊慌。这两个人最后做出了完全不同的行为，就是因为他们有着不同的思考。其中一个人怀着愉悦的心情靠近了羊群，而另一个人则恐惧地跑开了，因为他并不知道自己所感到的危险其实完全是自身的想法所导致的，反而认为这样的恐惧感是因为看见羊群所导致的。如果说看到羊群是他感到恐惧的真正原因，那么另外那位敢于靠近羊群的人也应该感到同样无比恐惧。所以说，在很多情况下，我们都是在面对着类似的情况，将自身所犯的错误归咎于别人，其实真正犯错的是我们自己。

再列举一个在现实生活中发生的真实且极端的例子，这个例子可以很好地阐述思想所具有的能量。这个例子发生在印第安人部落里。对绝大多数的印度人来说，吃人的老虎是最让他们感到恐惧的，所以为了抵御老虎，他们制造与运用了各种武器。而另一方面，印度人对关于老虎的思想，又与此完全相反。他们敢于孤身一人，在不携带任何武器的情况下走进森林，最终毫发无损地走出来。如果那些恐惧老虎的人能够按照这些人的思路去思考，那么他们也能够做出同样的事情，并且最终做到这样的行为。一个人的思想发生了改变，将会完全改变他对动物的看法，也会改变动物对人类的看法。

这就是某些人总是能够去做一些在其他人看来不可能做到的事情，或者去做一些他们认为会给自己造成伤害的事情，但这些人最后都没有遭受任何伤害。其中的差别就在于他们有着不同的性情、身体条件、个人品质以及个性方面的其他特性。我们可以说，这其实就是由心灵状态所决定的——也就是我们的思考——每个人都喜欢自身的思考，不管这是我们已经察觉到的思考，还是在不知不觉中就感受到的思考。所以，这通常都是接受的教育或者自身习惯所带来的一种结果，而正确的习惯是可以通过持续的正确思考养成的。

我们并不需要更多的例子或者论述，去证实我们的情感与感觉其实并不像我们在一般情况下所想的那样，即某些外在事情对我们所施加的影响。我们所做的任何行为都是由自身的心灵状态所决定的。如果我们的思想发生改变的话，我们接下来的所有动作都会发生变化。这样的理论已经被历代所有睿智之人认同。莎士比亚曾经这样说：

亲爱的布鲁图斯，错并不在我们的星星上，

而在于我们自己，因为我们才是自己的主宰。

真正犯错的并不是身外的事物，无论这些事物离我们是远还是近，而在于我们自身的思考，也就是我们自己身上。七百多年前，圣·伯纳德曾说："只有我才能够伤害自己。伤害到我的事情都是自己犯下的，我是这些错误真正的承担者，这些痛苦并不是错误所造成的。"我们在此所谈论的原则都是对他这段话的一种重申与肯定。真正犯错的就是自身的思考。我们可以通过改变自己的思想，来改变行为的方向，以及改变自身所处的环境。

我们对造成危险的原因的感知，其实都源于自身。要是我们无法摆脱这样的恐惧心理，再怎么逃跑都是没用的。即便那些隐居山林的恶人，如果心里始终惦记着世俗的事情，他的修道生活最终也会失败，永远地失败。真正摧毁这些隐居者修道的事情，并不是他们所面临的诱惑，而在于他们自身的思想出了问题。无论在什么情况下，我们都可以看到，外在的事情并不起最为重要的作用，真正具有决定性作用的，始终是我们自身的思想，因为思想能够指引、控制与决定我们该朝着怎样的道路前进。

第九章 法　则

为了更好地进行深入的探讨，我们可以将所有的思想分为两种类型，一种是和谐的思想，另一种是不和谐的思想。

"每一种思想都会带来相应的结果。"这句话可以说是人类历史上最为古老的箴言。其实这句话不过是从哲学层面上，通俗地阐述了事物之间的因果关系，这样的关系，通过观察人类的生活以及行为就可以了解到。可以说，去做一件事情的动机品格必然决定了这件事情最后结果的品格，而这样的结果必然又与原先的动机是相对应的。因为思考是人类所有行动的源泉，所以思考的品格也必然对最后的结果产生影响。所以说，正确与和谐的思想必然能够产生正确与和谐的状况，而错误与邪恶或者不和谐的想法必然会产生错误、邪恶以及不和谐的结果。所以，对思想的控制是最为重要的，因为这能够对动机进行控制，而对动机进行控制，其实就是对结果进行控制，因为最终的结果取决于做事的动机。

农民种植玉米，玉米不断生长。年幼的动物也具有这样的生长能力。即便按照进化的理论来看，我们也能够看到，即便就不同的事物进行阐述，也会发现相同的原则。因为进化主义者会告诉我们，这些行动会产生改变，从而使最终的状况符合其原先的类型。锻炼自己的手臂肌肉能够让我们的手臂变得更加强壮，锻炼手指的灵活性会让我们的手指更加灵活，依此类推，心灵的训练也能够让我们的心灵获得同样的能量。懒惰很容易让人身体变得萎缩，而从事一种全新的活动不仅能够增强器官的能量，而且能够保证该器官的健康。

长期以来，真正懂得这个原则的人并不多。正如那句谚语所说的："放声大笑，慢慢长胖。"还有莎士比亚在谈到"身体羸弱、饥肠辘辘的卡西斯"时所说的这句经典话语：

　　为过去一个错误痛惜与悲伤，

　　其实就是在给自己制造全新的错误。

不过，我们现在的论述要比上述这些谚语更加直白。

一般来说，人们都已经认识到了一点，那就是悲伤、恐惧与愤怒的情绪会缩短我们的寿命，有时当上述这些情绪处于一种极端的状态下，甚至可能会在瞬间将我们杀死。而知足、平和与满足的感觉则会给我们的身体带来积极的影响，并且对延长我们的寿命是非常有帮助的。不安、焦虑、疑惑与绝望都会让我们看不到人生的希望到底在何处。痛苦、贪婪、好色、嫉妒等心态，都会让人去做各种各样错误乃至犯罪的行为，其中就包括谋杀等极端错误的行为。

这样的思想会在他们的心灵里留下恶意的污点与形态。如果他们养成了这样的习惯或者时刻保持这样的思想，就可能在他们心灵中留下永恒的污点。"即便是一时的愤怒、不安、贪婪、好色、恐惧或者仇恨的思想，都会影响我们的心灵，损害我们的呼吸系统，让血液的流通变得缓慢或者加速，改变身体的化学成分。"这些结果其实都是与我们的思维方式息息相关的。这样的结论已经被大多数人所了解，在此必须进行更多的阐述与解释。好的思想产生好的结果，坏的思想产生坏的结果。没有例外。

让人遗憾的是，直到现在，依然还有很多人想着去研究那些邪恶的思想与结果，而不是想着如何去运用好的思想来帮助自身。但即便是这样的研究，都不会否认一点，那就是和谐的思想不会造成邪恶的结果，或者说邪恶的思想不能产生好的结果。"爱不会给人带来伤害。"这是老生常谈的一句话，即便以消极的心态去看，也不会有人对这句话表示质疑。很多人也会用肯定的语气这样说："爱只会给人带来好处。"类似的话语都适用于那些正面与和谐的思想。

诚然，有时候会出现好心做坏事的情形。特别是对那些从善意出发最终却取得了不好结果的人来说，这样的事情真让人感到遗憾。在所有这样的例子中，倘若我们对其中的原因进行准确分析，就会发现这些所谓的好心人的内心里，其实潜藏着某些恶意，只是这些恶意没有被当事人发现而已。因此，无知通常都会让我们对事物所具有的品格进行错误的判断。

至于错误的思想对身体所产生的影响，我们可以看看那些科学界的权威人士对此的看法。霍尔校长曾就这个话题这样表示："头发与胡子的生长速度是缓慢的，这已经从实验中得到证实了。当一位商人在长达数月的时间里一直处于焦虑状态时，他的胡子生长的速度就会变慢。感到快乐是非常重要的一件事。拥有知足之类的心态是非常重要的，这也可以说是科学研究的最高领域，也是最为纯粹的宗教信仰。"

盖茨教授则对此进行了一个非常有趣的试验。他找到了一个弹簧，用来训练试验者拉伸的力量。某位试验者被要求用手指去拉伸弹簧，直到最后手指发麻，没了力气。但是，盖茨教授要求此人在手指恢复力量之后，继续不断重复这样的拉伸动作，直到他能够自然地进行这样的动作。在这之后，他要求试验者去想一些可能会给他们带来不和谐思想的事情，比方说最让他们感到悲伤的事情，或者想想那些他们最恨的人。在某个时候，试验者甚至要阅读狄更斯的小说中关于小内尔死去的故事。在关于这个主题进行了大量的思考之后，试验者的心智充满了这样的思想，然后再去做拉伸弹簧的动作。结果发现，当人处在这种压抑的情绪下的时候，身体所具有的力量要远远低于正常状态下的力量。与此相反的是，诸如爱、平和或者任何正面的和谐思想，都能够增强人的身体力量。很多类似的实验都已经证明了类似的结果。

所有这些事情看上去都非常美妙，因为它们都是以正面的姿态呈现出来的。当然，这也是每个人在日常生活中可以感受到的。其实，日常生活中还有许许多多这样的例子，都可以证实这样的观点。很多人都发现，当一个人通宵玩耍后，第二天会出现身心方面的疲惫。而要是一个人非常勤奋地工作，那么第二天几乎也还能精神饱满。这是因为在前一个例子里，当事人的思想没有处于一种和谐的状态，而在后一个例子里，当事人的思想处于一种和谐的状态。

詹姆斯教授在谈到与这种思想存在的直接联系时，这样说："我认为，我们所做工作的属性以及数量的多少，都是可以对神经崩溃的频率或者严重性进行解释的，但是这些人之所以会面临这么严重的后果，就是因为他们始终让自己陷入一种荒唐的、匆忙的状态当中，认为自己没有时间去将事情做好。在这样一种始终感觉自己缺乏时间与精神紧绷的状态下，他们就失去了心灵的和谐与完整。简言之，要想将事情圆满地做好，必须首先调整好自己的心态。"其实，真正造成精神崩溃的重要原因并不源于工作本身，而在于我们在工作的过程中所怀有的那种不和谐的思想。不确定、不安、焦虑、恐惧，这些情绪都可以摧毁一个人。如果一个人始终怀着积极正面的思想，那么他可以承受许多工作，因为他的心智始终处于一种冷静、确定、勇气与自信的状态中。

盖茨教授从对心灵状态对身体系统的影响所做的研究中得出结论，每个人所处的心态会影响到他们的呼吸，从而让身体制造出一种物质。一些人因为某些事情瞬间处于极其愤怒的状态，会让自己的气息变得极不顺畅，影响到身体功能的正常运行。不和谐的思想还会产生另一种物质，如果将这样一种物质注射到白鼠或者小鸡身上，这种毒素足以将它们杀死。因此，盖茨教授用无比明确的语言来表达自己的结论："每一种错误或者不愉悦的情绪，都会在体内产生某种毒素，影响细胞组织的正常运转。"盖茨教授用下面的话进行总结："我的实验说明了一点，那就是愤怒、恶意与压抑的情感，会在人的身体内产生一种有害的物质，其中一些物质还具有极强的毒性。当然，让人愉悦与快乐的情感也可以产生一种对身体有价值的物质，从而刺激细胞更好地释放能量。"

我们还需要从日常生活中举一个例子。这个例子是从很多人的生活中选出来的，因为这个例子比较极端又典型，但其真实性却不容怀疑。很多相似的事情都可以在医学书籍里找到记录。

一位母亲有着强壮的身体，充满活力，而且为人不是特别敏感，神经发育正常。她的小孩也非常健康。一天，这位母亲因为某些事情突然变得极其愤怒，没过多久，小孩就因为要吃奶而哭起来，于是她就让孩子吮吸乳汁。吃完奶没多久，这个婴儿就开始出现痉挛，几个小时之后就抽搐着去世了。很多医学权威都认为，这是母亲的愤怒所导致的。我们并不需要重新回顾盖茨教授之前所做的实验，来证明这个婴儿是被母亲的乳汁毒害的。愤怒的心灵会让人产生一种毒素，这样的毒素通过母亲的乳汁进入到孩子体内，最后将孩子杀死。类似的事情可以得出同样的结论，虽然每一种心灵状态在表现程度上存在差异，但这样的事实已经被医学权威们证实了。

如果不和谐的思想产生了不和谐的结果，那么和谐的思想就必然会得到同样和谐的结果。如果我们认真寻找这样的例子，可以找到许多。在寻找的过程中，人们遇到的唯一问题通常源于这样一个事实，那就是人们通常都会通过对外在表现进行压制，来隐藏自身的情感。

所有这些理论并不都是原创的，虽然它们看上去比较新颖。我们可以从《所罗门的智慧》一书中看到这样的句子："一个人犯下了怎样的罪孽，他就要遭受怎样的惩罚。"这句话说明，类似的思想至少已经被三千年前的一位圣人所了解。而在更早的时候——当然具体的时间没有人可以确定——一位睿智的印度佛教徒曾说过："我们所面对的一切都是自身思想的结果。这一切都根植于我们的思想中，从而构成了我们的思想面貌。如果一个人带着邪恶的思想去说话或者做出行动，痛苦自然会追随着他，就像轮子追随着不停转动的车子。"

虽然这是一段比较富于说服力的话，但很多人都不会对此感到过于意外，这也是情有可原的。因为这些话所传递的道理几乎都是我们在日常生活中可以感受到的。在每种情形下，我们所做的行为都是与自身的心灵状态相吻合的。不和谐的思想会让我们的身体变得羸弱，毒害原本健康的身体系统。和谐的思想则让我们充满能量，不断制造出对身体有益的物质。

从道德的层面上看，就会发现这样的事实更加明显，因为这始终与我们想要做的事情息息相关。一个人可能会对自己的邻居感到愤怒，甚至对他产生敌视的心理。这其实就代表着一种心灵状态。或者正如麦克科什所说的，任何一种情感都是由意志与心灵行为所造成的。对每一个认真观察他的邻居所作所为的人，都可以看到这一明显的事实。因为他对其他人所表现出来的态度，与对邻居表现出来的态度可能截然不同，这就是因为他在面对其他人的时候所持的心态与面对邻居时所持的心态不一样。一个人的心灵状态可能会让他有觊觎他人的财富的想法，这个时候，他的判断力（这也是他自身心灵活动所产生的一个结果）就会失去平衡，让他产生了要去偷窃别人钱财的想法，最后就会将这样的想法付诸行动。而对另一个心智平衡的人来说，就不会产生这样错误的想法，他觉得如果自己想要赚到更多的钱，真正应该做的，是通过自身诚实的努力去赚钱。这些人所做的不同行为，其实与他们心中怀有的不同想法有关。显然，其中一个人的想法是极其错误的，而另一个人的想法则是高尚的。

在说了这么多之后，我们可以用简短的语言做一番总结。虽然每个行动在发生的次序方面都比较连贯且迅速，但两种相互排斥的思想不可能同时存在于我们的心灵当中。每一种思想都会让人的行为产生类似的品格，这一点不会发生变化。如果我们将其中一种思想排斥出去，另外一种思想就会通过我们的行为表现出来。如果一个人想要避免那些不和谐的思想，不让自己的身体、心灵或者道德功能失去能量，他就应该将自己所有不和谐的思想全部清空，然后用和谐的思想去填充这些空缺。这个过程需要我们好好地培养。思考本身就是一种因果方面的关系。如果能够将不和谐的思想从心智世界里排除出去的话，这些不和谐思想就不会对我们产生任何负面的影响。可见，决定我们行为方式的准则非常明显与简单：

心智里存在着不和谐思想的情形。

这一法则其实就是一个抛弃原则的表达方式，这样一个原则自人类存于这个世界上起就已经有了。要想真正解决一个问题，我们就必须从根源上来解决。就好比如果我们想砍一棵树，不应该只是砍掉树叶和树枝，而应该砍到树根一样。我们应该远离任何邪恶的思想，这在现实生活中是以"你不应该这样做"呈现出来的。这样的事实在人类远古时期就已经存在了。这种规避的方法始终在伦理与道德的教义中占据重要的地位。两句从不同角度阐述的谚语，一句是"不要做坏事"，另一句就是"做正确的事"，这两句话从不同角度讲述了这个事实。它们就像一根铁链，将我们紧紧捆在一起，牢不可破。这两句谚语相互交融，无论在理论上还是在现实生活中，都表达了一个意思。我们应该从道德层面上避免做任何错误的事情，同时要去做正确的事情。因为这样做能够激发每个人的良知，让每个人都想要不断提升自己。倘若我们遵循这个原则，就能更好地看到人类的本性，更好地处理造成人类所有行为的原因。这将有助于我们最后取得圆满的结果。

第十章　不和谐的思想

上一章提到的法则是极其重要的，因为它能够帮助我们更好地清除邪恶的源头。既然如此，我们又该怎样满足这样的要求？首先，我们要做的就是判断哪些思想属于不和谐的思想。

这些思想都具有微妙的隐晦性，通常都会隐藏它们真实的属性，让很多人根本看不清这些思想的真实面目。一些人对这样的事实几乎没怎么关注，从而放任不和谐的思想持续地占据着他们的心智。除此之外，还有很多思想其实都可以归类为不和谐的思想，但这些思想却被很多人错误地认为是积极的思想，反而对这些思想进行认真的培养，而对那些不重视这些思想的人加以指责。当然，这些人的行为并不能改变最后的结果。所有这些错误的思想最终必然会让我们陷入一种更为混乱的境地。不和谐思想的榜单是非常长的，如果某人想要努力将这些不和谐思想赶出自己的心智，他们就需要认识与了解这些不和谐思想的真实属性与质量，只有这样才能真正做到这一点。要是我们从一开始就能够这样做，接下来就会变得非常简单。

当然，诸如愤怒、仇恨、贪婪、好色、羡慕、嫉妒以及所有带有恶意的思想都是我们可以立即识别出来的，都会将这些思想归类为不和谐的思想。当然，这个榜单上还需要加入悲伤、悔恨与失望。恐惧、疑惑、不确定以及缺乏责任感、不安、焦虑与绝望，都属于不和谐的思想。当然还有一些思想属于这些情感的集合，其中包括自我谴责、自我意识、自我贬低、羞耻与懊悔等。

所有罪恶或者错误的思想，就其属性来说，都属于不和谐的思想，而所有不和谐的思想必然都是错误的。当然就错误一词本身所具有的含义来说，也不是所有不和谐的思想都是带有罪恶的。

一个错误的思想可能会严重影响到我们对自身行为所做的决定，这样的事实可以说明一点，那就是即便程度并不严重的不和谐思想，最终都可能以极端的方式呈现出来。心灵状态的品格有时不会在其表现的强度方面有任何改变。源于某种思想指引的行为，必然具有与其思想相同的属性，而不管当事人是否出于无知，比如误解或者任何错误的思想。要是我们怀着谴责的思想，就会发现这种思想即便处于中度的状态，也会与另外一种思想混合在一起，从而对我们进行自我欺骗，让我们将这样的思想与其他思想混在一起加以看待，并认为这是一件值得赞扬的事情。

当然，我们也可以说，如果一个物体的重量没有达到特定的数目，它就属于其他的物体，也就是说，处于温和状态下的不和谐思想会转变为其他思想，原先的强度从而发生改变，最后没有给我们带来任何伤害。1吨就是1吨，1磅就是1磅，这种类比只能在同类事物中进行。每一种行为都可以按照相似的比例表现出来。如果说50磅的重量能够压垮一个支架的话，那么25磅的重量可能会给支架带来严重的压力，10磅或者1磅的重量都会按照各自的程度对支架造成影响。

心灵的状态与心灵的品格以及行动都是统一的。任何程度的愤怒无论以什么形态表现出来，始终都属于愤怒的范畴，不管我们对此有怎样的称谓。即便当我们认为自己的愤怒情有可原的时候，也是属于愤怒。我们处在某种情绪的强烈程度，与我们带来的破坏成正比。一种思想是绝对不会与另一种思想结合起来实现变形的，这并不像氢气与氧气在产生化学作用之后就会变成水。一种思想本身是不会与另外一种思想形成联系的。

所有人都认识到了一点，那就是极端的情感有时会将一个人杀死。也就是说，当一个人过分沉湎在某一种情感中时，他可能无力抵抗任何其他的情感袭击。当然，当某种情感以轻微的程度展现出来的时候，他可能对此毫无察觉。如果某种极端的心灵状态会产生灾难性的结果，那么中等程度的心态也会产生中等程度的坏结果。虽然最终造成的损害不是很大，但依然会给我们带来某种程度的伤害。我们原本可以将这些能量用于未来更好的行为上，但现在却将这些能量用于消除这些不良结果之上。

疑惑的心灵状态很少被视为不和谐的思想，相反很多人都会称赞这样的一种心灵状态，或者至少为这样的心灵状态寻找借口，说这样的心态是不可避免的。虽然疑惑的心态是一种处于轻微程度的不和谐思想，但这样的疑惑最终却不可避免地让我们变得犹豫不决。而当我们将疑惑的心态与自身的责任感联系在一起的时候，就会产生一种对未来前景不妙的期望，接下来就会产生以不安与焦虑为表现形态的不和谐思想。这些思想都是疑惑的心态造成的，因此只会存在于我们的心智世界里。可以说，疑惑与责任，是产生焦虑、不安以及不和谐的心灵状态的两个重要原因。无论不和谐的思想在什么时候出现，这两个原因都会让我们产生不和谐的思想。

不安的思想在很多时候都被我们视为情有可原、必需的，甚至是有好处的想法，因此一些人觉得产生不安的思想是值得赞扬的。当然，如果不安的思想只是处在一种轻微程度上的话，是不会产生什么危害的。如果责任的担子重重地落在我们的肩膀上，不安的思想强度就会增强，不安的真正品格就能够通过心灵状态展现出来，最后以不和谐的特征清楚地呈现出来。不安的思想就其最为极端的表现形态来说，可以阻止我们取得任何形式的进步。当我们热切地希望承担某种责任的时候，我们会毫不犹豫地去履行这样的责任。但在执行的过程中，却经常会发现不安的思想严重影响着我们最终执行的效果。可以说，不安的思想就源于疑惑与恐惧。然后，我们会发现焦虑与灾难都是最终的结果，最后必然导致我们成为道德上的懦夫，对人生感到绝望。

很多人之所以不敢去做自己认为正确的事情，就是因为他们对最后的结果感到担忧。最为常见的原因就是，他们害怕自己会在交易的过程中出现什么差错，或者遭遇什么危机。其实，真正需要让他们感到恐惧的，正是他们对自身的恐惧。正因为他们内心的恐惧，导致他们无法施展自己的能力。这样的恐惧心理会严重阻碍他们做出任何有意义的行为。"我无法做到，因为我知道自己感到非常恐惧。"这句话就是那些受到恐惧思想控制的人经常说的。那些沉浸在自身恐惧思想当中的人，往往会觉得没有能力将任何事情做好。可以说，这样的人是自己制造了灾难，并且最终摧毁了自己。

关于恐惧，最错误的思想当属这样的想法：认为历史上所有睿智的人在任何场合下都会感到恐惧，认为这是睿智的表现。当然，对古代的作家而言，他们认为上帝是一位专制且愤怒的暴君，时刻想着对人类的错误进行报复，所以他们当然会认为"对主的恐惧就是人类智慧的开端"。毋庸置疑，这些作家在谈到恐惧时所要表达的意思，与我们当前所说的恐惧是一个意思。但是，这些作家关于上帝的品格的构想是错误的。而他们的这些思想在之后很长一段时间里不断流传开来，助长了人们关于恐惧的这种错误思想，导致许多人最终做出了错误的行为。

许多政府都是按照类似的错误方式组建起来的，政府官员希望能够运用恐惧去对人们进行控制。无论是对小孩还是成人来说，当他们处于恐惧状态的时候，都是不可能做到最好或者发挥出最佳水平的。但是，包括我们的父母、教会或者国家，都认为恐惧的心理对我们的成长是有帮助的，并且不断宣扬这样的思想。数以百万计的人的生命就是因为这样的思想而出现了矮化与扭曲，不知道有多少天才的计划，都因为毫无必要的恐惧而最终被放弃。

匆忙是不需要我们去做出任何定义的。匆忙的感觉之所以会产生，是因为我们意识到自己必须要完成某些事情，或者必须要在特定的期限内完成某些工作。如果时间充足，我们就不会产生这样的匆忙感觉。如果时间看上去不够，就必然会让我们产生焦急的感觉，而匆忙则是最终呈现出来的表现。这种匆忙的感觉其实是由疑惑造成的，而疑惑又会产生恐惧心理，让我们担心自己不可能在特定的时间内完成这些事情。因此，我们可以清楚地知道，匆忙的根源就在于疑惑与恐惧。我们可以用言语去表达这样的情形："我很担心自己不能按时完成任务。"这句话充分说明了那些人在匆忙的时候最喜欢说的是什么，也表明了他们的内心充斥着不和谐的思想。匆忙的感觉究其本质存在于我们的思想当中，最终产生了特定的感觉。

抛弃匆忙的感觉并不意味着我们一定会失去任何让自己喜欢的事物，相反，这样做还会给我们带来诸多好处。每个人都意识到："欲速则不达"这句话是一个真理。由于匆忙的感觉所产生的心灵状态反而会阻碍我们行动的步伐，这通常会造成做事不精确，有时甚至给我们带来严重的后果。因此，就匆忙的感觉本身而言，与其他不和谐的思想一样，其产生的负面影响也是与我们陷入其中的程度成正比的。只有抛弃这样的思想，我们才能够更好地运用自身的能量，提高工作效率。

悲伤的情感，无论以多少种形态表现出来，都会让人感到痛苦。特别是当这样的情感是因为朋友的去世所造成的，就会显得更加强烈。很多人都将为别人感到悲伤视为心地善良的一种表现，认为这是对那些去世之人展现尊重以及爱意的一种方式。当然，这样的情感的确是值得赞赏的，但这样的情感本身与悲伤有很大的区别。很多时候，人们都用错误的眼光去看待悲伤这种情感，并且赞许这种情感的出现，其中的原因也非常简单，就是因为这样的悲伤情感与我们自身的判断力产生了混淆。在很多人眼中，要是在朋友去世的时候，我们不展现出自身的悲伤情感，就会被人看成冷血动物。这些人认为，为别人所犯的一些错误而感到悲伤，这样的行为是值得赞赏与表扬的。但是，我们也应该明白一点，那就是极端状态下的悲伤通常会严重影响我们正常的心灵状态，有时甚至会扼杀我们的生命力。在很多情况下，当我们表现出来的悲伤情感过分强烈的时候，往往会让受害者无法从中振作起来，朝着正确的方向前进。在我们所认识的人当中，必然有一些人因为生意上的失意而感到悲伤，从而让自己深陷在这样的情感当中，根本不知道还有其他人是需要支持的，不知道还有其他人要依赖他们。每个人几乎都有这样的经历，看到一位母亲因为孩子的夭折而感到无比伤痛，在那个时候，这样的伤痛甚至让她没有能力去正常地履行自己的人生义务。很多这样的悲伤，最终都会造成当事人的精神处于一种失常的状态。诚然，所有比较极端的结果，都是过度的悲伤所造成的，但所有的悲伤都具有相同的品格，只不过极端情形下的悲伤只会增强我们自身受到损害的程度。盖茨教授曾通过试验证明了一点，那就是即便是中等程度的悲伤，也会让我们失去正常的能量，无法更好地从事一些事情。这样的事实是每一位认真的观察者都应该看到的。

如果我们赞赏那种中等程度的悲伤，谴责那些过分沉湎于悲伤的人，或者在赞赏一些人因为伤心而出现的悲伤情感时，谴责另一些悲伤之人所做的行为，这样的言论是自相矛盾的。如果极端状态下的悲伤会给人带来伤害，那么中等程度的悲伤同样会给人带来伤害，只不过在程度上有所区别而已。如果某些人应该努力避免这些悲伤的情感，其他人也应该这样做。悲伤与遗憾，就这两种情感的属性而言，永远都算不上一种可以给人带来优势的情感，因为悲伤与遗憾的情感永远都不可能帮助我们改正过去所犯下的错误，不能帮助我们消除某个前进道路上的障碍，也根本无法愈合我们内心的伤口。莎士比亚曾这样写道："没有人可以通过对伤害进行悲伤的感叹，来弥合这些伤害。"莎翁的这句话多么睿智啊！悲伤的感叹只能让我们的悲伤变得更加沉重，只能让事情变得更加糟糕。

所有自私的情感，不仅就其属性来说是不和谐的，而且从道德层面上来说也是非常错误的。虽然这样的话听上去可能比较刺耳，但如果我们能够对此进行更加细致的分析，就可以发现任何形态或者程度下的悲伤，即便是因为朋友的去世所感受到的悲伤，在很大程度上都是我们的自私情感所导致的。如果我们对悲伤者提出质问的话，悲伤者必然会承认一点，那就是真正让他们感到悲伤的事实，并不是他们的朋友去世了，他们是为自己的损失而感到悲伤。可见，悲伤的一个重要根源就是自私。

如果基督教的箴言中还存在着什么真理的话，那么我们为所有那些去世之人所感受到的悲伤，其实就是与爱意本身相抵触的。如果基督徒并不是完全相信他们所说的话或者所做的事情，他们就会认识到，自己并不应该为这样的事实感到悲伤，相反，他们应该为这样的事情感到开心，因为这样的改变已经发生了，这是谁都无法改变的事实。

绝望其实就是情感在极端状态下所表现出来的，这样的情感显然是不和谐的。表现出来的中等程度的绝望感觉其实也算一种不和谐的感觉，虽然这样的情感往往都披着更好名声的外衣。即便是很多人所称赞的耐心，其实也是绝望情感的一种表现，因为他们不得不默认这一不可避免的事实。隐忍其实也是类似的情感。通常来说，基督教所提倡的隐忍，只不过是我们对一些错误思想造成的严重后果，所采取的一种让人绝望的妥协态度。

绝望情感会以多种方式表现出来，许多人都会沉浸在这样的感觉当中。通常情况下，我们都不会将这些情感归类为不和谐的情感，但尽管如此，这些情感的存在还是极其危险的。因为这样的情感最终会通过这样的话语——"我做不到"表达出来。这句话表达了我们的一种极端绝望的思想，也表现了一个事实，那就是不和谐的思想会让那些最强大的人都陷入能力不足的状态中，让那些最优秀、最睿智或者目标最坚定的人，都失去了之前的能力。这样的情感会让我们抛弃最佳计划，让我们无法释放出自身的全部能量。无论这样的情感存在于什么地方，都会带来巨大的伤害。任何人只要陷入这样的情感当中，都会给自己造成严重的伤害。

"我做不到"的思想，就是造成成功与失败的根本原因。学校里那些学习差的学生往往都是不想努力就直接对自己说"我做不到"的学生。而那些所谓聪明的学生，其实就是对自己说"我能够做到"的学生。在开始阶段，他们的差异其实并没有那么明显，只是在面对困难的时候一名学生轻言放弃，而另外一名学生继续坚持。最后，其中一人品尝了失败的滋味，而另一个人则取得了辉煌的成功。

"我做不到"的话语，只有用在拒绝那些错误的思想以及行为上，才是有价值的。即便是在这样的情况下，这种"我做不到"的思想都始终无法让我们以正确的思想去看待问题。在这种情况下，一种更正确、更有力的回答应该是："我不会这样做！"因为一个真正具有能量的人，是完全有足够的勇气去拒绝做一些他认为不正确的事情的。

"我做不到"这样的思想往往会让我们所有的行为都处于一种停顿状态——也就是陷入一种死亡的状态中。"我能够做到"这样的思想往往会激发我们的斗志，让我们更好地释放内在的能量——这就代表着生命的活力。因为我们必须避免一切严重的错误，我们在产生了"我做不到"的思想时，就会停止这样的思想。如果我们想要继续保持旺盛的生命力，就应该持续地认为"我能够做到"。那些永不言败的人才能够取得最后的胜利。据说，格兰特将军之所以能够取得辉煌的胜利，就是因为他永远都不会让自己承认失败。那些认为自己已经失败的人往往很快就会失败，而那些认为自己必然会失败的人，其实也不过是加速了失败的过程而已。

一个人整天躺在床上，他的医生说他的身体根本没有任何疾病，所以他应该从床上爬起来，好好工作。事实上，这位医生说得非常正确，这位"病人"其实就是自己思想的受害者。一天，烟雾进入了他所在的房间，其实这不过是医生使用的一种手段，希望病人能够从床上爬起来，但这个人却认为房子着火了。他产生了这种思想后，对他来说，着火就变成了一个事实。他忘记了自己原本拥有的能力。一旦他能够将"我做不到"的思想从心智的世界里赶出去，他就能够在那个时刻迅速行动起来，起床，穿衣，然后冲出房间。但正是"我做不到"的思想牢牢地控制着他。

我们应该将诸如绝望、失败或者失去希望等不和谐且具有毁灭性的思想全部赶走。无论身处何方，我们在进行心灵训练的时候，都应该远离这些不和谐的思想，千万不能让沮丧的思想进入心灵，即便我们在现实生活中的确面临着严峻的考验。相反，我们应该保持勇气与活力，认真地研究自己所面临的各种障碍，这样做并不是为了打击自信，而是想办法去更好地消除这些障碍。如果某件事是值得做的，我们总有更好的途径去将这件事情做好。如果我们始终怀着自信的态度，将所有疑惑的心态全部赶走，我们就必然能够做到。

与不耐心相比，耐心这种品质得到了世人高度的赞赏，但其实耐心与不耐心是紧密联系在一起的。如果我们能够对这两者进行认真的审视，就会发现耐心所具有的品质与我们想象中是完全不一样的。当我们将归类为不耐心的所有不和谐的思想全部赶出心灵世界之外，人也就根本没有机会表现自身的耐心了，也就是说，当不耐心从我们的心灵中完全消失之后，耐心也会随之消失。这其中包含着许多微妙与欺骗的成分，因为要是没有这些不和谐思想的存在，耐心也根本没有存在的必要。在培养耐心的过程中，我们显然多多少少都会让不耐心的感觉进入心灵。之后，人就会开始觉得自己应该放弃这样的想法。因此，还有比耐心更重要的东西，那就是当心智将全部的不耐心都排除在外的时候所处的状态。我们只有处在这样的状态，才有可能获得良好的结果，正如错误的程度不是那么严重一样。耐心可能是一个人进步的过程中良好的停顿阶段，但我们没有必要将培养耐心视为一种终极美德，因为这样做只会让我们怀有一种错误的想法，有时这样的想法与绝望的想法是非常接近的。

自我谴责以及与其相近的想法，都会被人们视为自身对错误的一种正确认知。一个人从出生到最后的死亡，都持续地接受着这方面的教育，无论是言传还是身教，似乎每个人都需要懂得进行自我谴责一样。我们要求小孩子为自己根本没意识到的错误行为道歉。商人在教导那些没有经验的男孩时，必然会给他灌输一种观点，那就是男孩应该为自己的无知自责。道德家则会说，我们应该为自身错误的行为进行自我谴责。几乎世界上所有的教会都建议我们以悲伤与遗憾的心情去面对罪恶，进行更深层次的忏悔，对自我进行更加深入的谴责，只有这样做才是值得赞扬的。可见，几乎在每个地方的伦理与道德层面上，自我谴责的思想都受到很多人推崇。

其实，自我谴责是对能量的一种极为可悲的浪费，这些能量理应被运用到修复之前所造成的伤害，以及尽量避免在未来犯下同样的错误上。当然，这并不意味着我们要抛弃对良知的敏感度，削弱自身的判断力，让自己无法分辨出正确与错误的行为，更不是让我们扑灭要去做好事与避免做坏事的想法。与此相反，当我们不进行这样的自我谴责时，可以避免更大的能量浪费，更好地运用智慧与力量去进行补救。

自我谴责的情感最多只能算是一种不和谐的思想，当然还有遗憾的各种表现形态，为失败感到悲伤、对未来行动产生困惑与自我怀疑、担心自己无法取得成功、觉得自己没有足够的能力将事情做好、内心压抑，这些情感都是自我谴责这种行为广泛传播所带来的恶果。无论造成自我谴责这种行为的原因是什么，自我谴责本身都根本无法修补任何错误，无法将错误变成正确的事，不能让我们变得更加勇敢，无法恢复生命的活力，无法改变过去已经做过的事，总之根本无法给我们带来任何好处。自我谴责所衍生出来的任何情感，都是勇敢与真实的人不应该理会的。因为将能量浪费在自我谴责上要比将其消耗掉更加糟糕，当我们怀着自我谴责的心态去工作的时候，必然会摧毁工作的成果。我们完全可以将这些宝贵的时间用于更好地恢复自身能量，从而更好地修复之前所造成的错误，让我们恢复正常的状态。一个人不需要继续重复过去的错误与罪恶，也不应该因为过去的失败而产生失败的心态，更不需要因为这些事情而谴责自己。

如果自我谴责的情感在我们的心灵中占据着主导地位，就会让我们对自身能力产生怀疑，让我们无法正常地发挥自身的能量，做事缺乏效率，无法更好地按照计划将事情执行好，更糟糕的是，这样的情感会让我们失去对心灵的控制。这样的思想会在很大程度上削弱我们的斗志，甚至给当事人带来彻底的毁灭。世界上难以计数的坟墓，埋葬的其实都是那些自我谴责情感的受害者。自我谴责会衍生出诸多产物——自我蔑视、耻辱、悔恨与绝望——但是自我谴责却被很多受过高等教育、富于智慧以及道德的人高度赞扬。要是他们真的明白自我谴责的真实属性，他们绝对不会这样做。

小孩不应该为"打翻的牛奶而哭泣"，这并不能说明他对浪费掉的牛奶表现出冷漠的态度，只是因为哭泣的行为只能阻止他获得更多牛奶的机会。一个人不应该将时间浪费在自我谴责上，不应该为过去的行为感到悔恨，因为即便怀着坚定的信念与良好的判断去做事，也并不能说明他对所有事情都非常了解，不能说他就具有辨明是非的充分能力，更不能说明他以后就不会重复之前的错误了。那些犯下罪孽的人，并不一定要穿着麻布衣服或者坐在肮脏的灰尘里去证明什么，因为即便他们没有这样做，也不能证明他们痛改前非的决心是不真诚的。

以基督教为例，耶稣根本不会向世人建议任何不和谐的思想。他指出我们的错误、缺陷与罪孽，然后让人类以正确的眼光去看待这些问题，从来都没有以此贬低人类。他告诉我们不要去重复这些事情。据人类历史记载，在任何情况下，他从来都没有建议任何人去为过往犯下的错误进行自我谴责，或者为此感到悲伤。他谈到了忏悔与改宗，这些问题都是宗教建立的重要基础。但让人感到遗憾的是，我们当代通过英文了解到这些词语的意义时，根本不能正确地表达希腊语中这些词语所具有的意义，因为，这些字眼都出现在了《圣经·新约》里。

希腊文中的"metanoeo"，翻译成英文就是"repent"，词典学家对此的定义是："回过头来看，改变心灵的看法与目标，改变个人的想法，产生另一种想法。"这个词语根本没有悔恨、自我谴责或者任何与不和谐思想沾边的意思。耶稣基督的箴言是希望我们能够让自己的心灵变得更好，永远都不会将时间浪费在为过去的事情感到悲伤上。可以说，"repent"一词在希腊文中的意思，与在英文中的意思完全不同，因为在英文词典里，这个单词的意思变得与悲伤、遗憾与自我谴责联系在一起，但其实这个词本身却并没有包含这样的意思。当我们用这个词语去描述那些做错事的人，这个单词只是表达一种友好的意思，只是希望当事人能够改变原先错误的行为，采取正确的行为，因为这个单词的意思只是"改变你的心灵"——而没有任何添加的意义。

无独有偶，希腊文中的"epistrepho"翻译成英文就是"convert"，这个意思根本没有任何不和谐的意义存在。因为希腊文中这个单词就是"改变自我，转变"等意思。用这个单词造句的话，可以说改变原先的错误。或者正如皮特在他的演说中所说的："你应该改变自己的行为，否则罪恶可能会淹没你。""改变你的心智，才能够让自己发生改变。"这样的表述清楚地说明了一点，那就是这两个单词之间的意义是相当接近的。也就是说，我们应该按照这个单词原本的意思去做，而不能按照后来人为添加的意义进行描述。无论是"repentance"还是"conversion"，都需要我们进行更好的了解，只有这样，我们才能更好地改变自身。所以说，我们理应更好地了解这些词的意思，而不要被自我谴责、悲伤、恐惧或者其他不和谐的思想扭曲自己的心灵。

第十一章　如何控制思考

很久很久以前，古印度一位佚名的圣人说："让智者永远不要失去对心智的控制。"他这句话如果能够这样改变一下，会显得更好，那就是："让智者始终坚持对心智的控制。"也许，后面这句话才是他想要表达的意思，因为他这句话的真实含义可能会随着时代的变化而被错误读解。从他那个时代开始，在很长的一段时间里，人类对关于心灵控制的观点，都没有抱着一种认真的态度。要想完全摆脱上一章所提到的那些不和谐、对人造成伤害的思想，就需要我们对心智进行很好的控制，只有这样，才能够通过完全的自我控制，取得最让人满意的结果。这个时候，我们需要面对的问题就出现了，那就是我们该怎样摆脱这些不和谐的思想？

其实，这个问题的答案非常简单。不要去想这些不和谐的思想。将注意力从原先不和谐的思想中摆脱出来，转向更积极的思想。改变原先的思维方式，将脑海里所有不和谐的思想全部赶走，只允许那些和谐与有益的思想存在于心灵的世界中。

每一位对心灵活动及其规律进行观察的人都会发现一点，那就是人产生的每一个念头都会以非常快的速度发生变化，从而对外界发生的事情或者需求做出反馈。心态转变的速度之快超出了所有人的估计，因为这些人几乎从来没有对这方面的内容进行过思考。当然，他们也会发现一点，那就是在平常的条件下，这些改变几乎不需要我们进行任何估算。当然，所有这些情况都是非常正常的，因为它们都是心灵活动的一种正常过程。其实，心灵做出这样的活动，说明心灵正处于一种理想的状态中。心灵会做出自然且理想的行动，因为所有有意为之的努力，都是按照我们要避开不和谐思想的过程去进行的。要想有意做出类似的改变，就需要我们做到一点，那就是每当不和谐的思想出现在我们的心灵当中时，我们需要将这些思想从心灵中赶出去，然后将注意力完全集中在和谐的思想之上。这就需要我们遵循心灵的法则，只有这样才能取得让人满意的结果。

在这个过程中出现的唯一不寻常的心灵活动源于心灵本身的冲动，而非外界的刺激。这样的变化应该是我们有意为之的，因为这属于我们自身的选择，从而对某一认知的原则加以遵循，而不是在毫无选择的情况下对外界的环境或者状况做出反馈。如果我们觉得在摆脱不和谐思想的过程中可能会遇到困难，或者需要付出巨大的努力，就更应该立即摆脱这样的思想，因为这必然将我们引向某种本可避免的思想。这种训练的过程取决于自身的选择，最后心灵的状态也必然会对自己的选择做出反馈。

很多心理学家都经常谈到意志的训练，导致意志这个词语本身的意义蒙上一层阴影，让很多人都无法对意志真正的意义有深入的了解。现在即便是不少最智慧的人，都对意志的意义产生质疑。无论人们对此有着怎样的看法，按照人们通常对意志的看法，意志其实就代表着我们去做某些事情的决心，让我们在不需要有意识的努力之下做出选择。而充分发挥意志的能量，几乎都伴随着我们自身的努力，有时甚至需要付出很大的努力。最后，我们才能够做出一系列行动，从而对自身的选择做出反馈，因为这些选择几乎是所有行动的基础，不管对意志的训练有时看上去有多么必要。

这个过程只会向我们提出一个要求，那就是将所有不和谐的思想全部赶出心灵——就像将手中的石头扔出去那样抛弃心中的负面情绪——当然，相比于充分发挥自身的能量，继续坚持原先的消极心态显然更加容易。将不和谐的思想全部抛弃的做法其实就是我们对自身选择做出的一种反馈，这绝对不需要我们付出很大的能量，因为这都是我们按照"意志本身的意愿去做的"。因为我们绝对不能对"意志"所产生的能量表示任何怀疑。

对思想的控制是心智活动中非常重要的一环，这样的活动与所有活动一样，是绝对不可能按照自身所看到或者所移动的情况去进行表达的。因此，我们可以说，"看看那里"或者"递给我一本书"，但我们不可能教导他人如何用双眼看待事物或者如何移动他们的手指。对心灵训练最重要的三种心灵活动就是如何进行思考、如何停止对某一特定事情的思考以及如何将原先的思想变成另外一种思想。虽然我们无法对这些重要活动产生的原因做出直接的解释，但通过这样的经历，每个人都可以知道如何实现这样的心灵训练，因此他们根本就不需要外人给予指引。

斯特朗曾用非常明确且肯定的语言对此进行描述，他这样说：

"假设在思考的时候，我感觉脑海中浮现出一些痛苦的记忆或者一些让自己感到不适的思想，之后我有意远离这些思想，对自己说：'不，我不能继续去想这些事情。'当然，通过这样的心理暗示，我会努力阻止自己进行这样的思考，就好比我手中握着一把刀切割树皮一样。让自己的视线远离一个物体的难易程度，其实与让自己远离某一种思想的难易程度相当。我们可以让某一种视觉感知从意识里消失，到时候我们就不再需要故意摆脱这些视觉感知，而只需通过思考其他事情来做到这一点。"

爱德华·卡朋特教授曾对这个话题发表过自己的见解，他这样说："如果我们的靴子里有一块小石头一直硌痛脚掌，我们就会想办法将石头拿出来。我们的做法就是脱下靴子，将小石头抖出来。一旦我们对这样的情形有所了解，就会明白我们将那些消极负面的思想从心智里赶出去的行为也是同样的道理。关于这一点，我们不应该犯下任何错误，因为人的心灵不可能同时存在两种截然不同的思想。这是相当明显的，也是毋庸置疑的。我们将那些消极负面的思想从心灵世界里赶出去的难度，与我们将靴子里的小石头抖出去一样。在我们真正这样做之前，谈论自己对本性的控制是毫无意义的。如果我们连这样的行为都无法做到的话，我们就可以说是自身想法的奴隶，任由那些鬼魅的幻影掠过心灵的门廊，而自己却无能为力。"

麦克科什教授曾说："虽然一个人并不能通过直接的方式控制自身的敏感程度，但是他却完全有能力通过间接的方式对此加以控制。他能够对此进行指引与控制，即便他无法对情感加以指引，至少可以对思想加以指引，因为思想是情感传递出去的渠道。一个人可以通过面向更高尚的思想将那些消极负面的思想全部清除掉……他可以将前进道路上的障碍移开，或者让这样的障碍挡住自己的去路，正如一堆火如果不持续加入木柴，最终必然熄灭。因此，一个人是可以控制自身情感的，他可以为这些情感负责，努力避免让这些情感出现扭曲、泛滥或者缺陷等情况。"

那些认真努力、不断坚持这种心灵训练的人都会尽自己最大努力去防范这些不和谐的思想，以免这些思想影响到自身的智慧与阅历。只有这样的人才能最终看到问题的全部。这其实没有什么秘密可言，也不存在什么知识版权或者专利的问题。每个人都有权继承这样的知识，每个认真努力的人最终都会找到这样的方法，并且对自己的思想进行控制。在现实的机械工具里，不论一个男孩之前学到了多少理论知识或者阅读了多少关于机械方面的书籍，只有在他亲自使用这样的工具后，才有可能真正掌握这些知识，因为这些真正的知识并不是用言语或者文字就可以传达出来的。所以在践行这种训练方法的过程中，我们需要通过现实的锻炼去做，而不能单纯停留在言语层面上。那些以认真的态度对待心灵与身体的人必然会对自己以及世界有全新的认识，从而掌握一种全新的能力，让他们能够去做一些原来看上去不可能做到的事情。

第十二章　如何运用替代的思想

有意识地将一种思想赶走，让另一种思想占据心灵，这样的方法称为替代。将那些不和谐的思想全部赶出心灵，就为那些和谐思想占据心灵提供了足够的空间。如果我们的这些目标非常强烈，就不需要再去寻找全新的思想了，因为当我们消除了某一种思想的时候，另一种思想就会以迅雷不及掩耳之势占据心灵。

到了这个阶段，果断的行动就显得特别重要。一旦第一个思想出现，我们就应该毫不犹豫地将它牢牢抓住，绝不放手。当危险的思想要侵入心灵时，我们就应该以积极且不可动摇的态度去接受积极的思想，只有这样才能将心灵的大门紧紧关闭，阻挡那些危险思想进入。当我们审视一些进入心灵的思想时，可能会出现犹豫与摇摆的情况，但这个过程是必需的。无论什么思想，在进入心灵世界之前，都要经过我们的审查。只有当我们对心灵的控制感到自信时，才可能让一些正面积极的思想进入。

心智必须处于一种活跃状态中。当我们的心灵空间被那些错误或者不和谐的思想占据的时候，我们就需要将这些垃圾全部清除掉，与此同时，还要用那些愉悦的思想填充我们的心智空间，用来占据之前那些被错误思想所占据的位置，只有这样，才能够更好地防止那些错误与不和谐的思想进入。"无论在任何环境中，我们都应该有指引自己的原则。"这句话是爱比克泰德在两千多年前说的，在当今时代也同样适用。积极的思想要想得到呈现，需要我们给予恰当的机会才可以做到，这就需要我们将那些错误的思想全部赶出心灵的世界。当然，如果我们能够有意识地将那些积极的思想灌输到心智中，并且始终让这些思想占据主导地位，邪恶的思想就再也没有机会进入了。

认真执行这些心灵训练，对我们是非常有帮助的，因为这样可以让心智始终处在一种积极的思想状态下，防止消极的思想进入心灵。我们这样的努力可以带来极大的帮助，因为这种努力不会让我们感到身体层面上的疲惫，也不需要我们对造成心灵疲惫的原因给予特殊的关注。我们的行为不应该处于一种过犹不及或者不足的状态下，而应该按照我们所处的状态去进行调节，让身心更好地适应自己所处的环境。如果我们的行为过犹不及，我们就可能因自身的疲惫而让心灵反应出现危险的状况。如果我们的行为显得不足，我们可能会让心智处于一种空虚状态中，这就给那些消极的思想乘虚而入的机会。心灵的活动以及这些活动的属性都是最重要的。只有当这些行为有助于控制心灵活动时，它们才是有价值的。

当然，在这个过程中，旅行或者改变我们所处的环境同样非常有帮助。在这样的环境中，几乎每个人都需要适应全新环境所带来的暗示，让自己的心智在不需要控制的情况下就能追随。如果我们能够摆脱之前熟悉的环境，来到一个完全不同的环境，就会给我们带来全新的思维方式，并取代之前已经形成的习惯性思维。这种改变了的心灵状态可以给我们的身体系统带来全新的刺激。这种思维的改变也会给我们带来有益的结果，而不单纯是对自身的改变。

那些懒惰与闲散之人需要这样的改变，从而刺激自己去寻找全新的思想，用来更好地从事创造性的工作，否则，他们已经僵化的思维方式就必然会受到那些具有邪恶属性的思想的侵害。可以说，身体出现的堕落在很大程度上都是奢侈或者懒惰的生活所导致的，这样的生活会严重毒害我们的思维方式。

到了这个阶段，我们已经非常明白这样一个不言自明的事实：必须将所有不和谐、错误或者不道德的思想赶出我们的心灵世界，从而腾出更多的空间与机会，让那些和谐、值得信赖以及道德的思想进入我们的心灵世界。倘若我们单纯从功用本身的角度进行考量，这就是非常重要的事情，而道德层面上的考量还需要我们付出更多的努力。

将原先不和谐的思想全部赶走，让和谐思想填充心灵的最佳方法，就是习惯性地寻找那些美好的思想，而无论这些美好的思想是通过人还是事物表现出来的。我们都会接受这样一个事实，那就是世界上没有任何存在的事物的属性是完全邪恶的或者完全与善意分离的。几乎每个活着的人身上都会有一些优点，也没有一个人一辈子从来都没做过一件好事，无论这些好事显得多么渺小，但这足以说明了世界不存在绝对意义上的坏人。在明白这个事实之后，我们就应该怀着勤奋与忠诚的态度去寻找那些美好的思想。要记住，我们这样的努力最后绝对不会白费。一旦我们找到了这些美好的思想，就应该好好地珍惜与保护它们。当我们养成了这样的习惯之后，错误的思想就很难进入我们的心灵了。所以，在面对错误这个敌人的时候，我们要做的就是不断寻找美好的事物。

事实上，好与坏通常都是紧密联系在一起的。世界上没有任何一个存在的事物是完全邪恶的。苏格兰教会的一些成员对这个问题给予的回答就是最好的例子。当这些成员被要求说出魔鬼——过去那些在苏格兰长老会里的暴徒——的优点时，他们给出的理由是这样的："如果他们继续迫害我们，那现在苏格兰教会早已不存在了。"

寻找美好事物的努力应该就是为了美好本身，而不能与任何潜藏或者次要的目标存在联系。因为追寻美好的事物这一目标始终应该是我们最为重要的目标。如果我们在追寻美好事物的过程中想着其他的东西，次要目标就会逐渐进入心灵，而当这样的次要目标占据主导地位之后，我们失败的可能性就变得非常大。这是因为心智的行动会因我们同时追寻两个目标而出现注意力分散的情况，让我们始终无法集中全力，最后导致无法取得最佳的结果。猎人绝对不会将来福枪对准两个猎物，他每一次都只瞄准一个，只有这样才可能打到猎物。所以，如果让心智能量同时去做两件事，最后必然招致失败。

一位年轻女士因为城市生活中的噪音而晚上无法入睡的例子，得到了最好的阐述。之前有人曾对她说，城市噪音都具有某种音乐的曲调。她遵循了这个建议，努力留意自己听到的每个声音。因此，她放弃了睡觉的努力，而是整个晚上都在听自己所听到的声音。我们对此的解释是，这位女士已经沉湎于自己对噪音的一种不和谐的思想当中，也就是说，当她听到这些声音的时候，其实就是通过自身的思想，不断在心灵中将这种不和谐的思想放大，最后导致自己失眠。当她想要从噪音中寻找所谓的乐音的时候，根本没有察觉到原来自己已经处于一种不和谐的心灵状态中。后来，她之所以能够安然入睡，是因为内心的那种不和谐的感觉已经不会骚扰她了。当然，如果她在搜寻乐音的时候，同时对这些乐音进行思考，还认为这样做会有助于自己更好地睡眠，但她最后却是彻夜难眠，因为她让心灵活动的能量用于关注两个目标。在这个过程中，她也会产生恐惧心理（不和谐的思想）。最后，她意识到了这一点，放弃了让心智同时去做两件事的努力，终于成功入睡。所以，要让心智保持一种单纯的状态，不要让它同时去做两件事。

倘若我们在搜寻美好事物的过程中，通过专注于目标就能够收获这么多美好的事物，那么我们在道德与精神层面上的指引就更加多了。当我们在这个过程中感受到了愉悦，最后得到的结果必然也是有价值的。

因此，在搜寻美好事物的过程中，用和谐的思想替代不和谐思想的最好方法，绝对不应该限制在某个时刻的努力之上。这应该成为我们一生的工作，我们应当不断地进行这样的训练，直到我们最后成功地将所有不和谐的思想都赶出心灵的世界。到那个时候，生命就会变得更加灿烂，不仅是那些践行这些方法与学习这些方法的人，他身边的人也能够感受到这样的好处。这些人所释放出来的美好将会让身边的人感到温暖。我们活着再也不能只是为了让自己变得更好。这是我们提升自我的一项工作，所以这其中绝对不能有任何自私的杂质。

第十三章　即时的行动

当我们对外界事物传递出的心理暗示进行反馈的时候，会让不和谐的思想突然进入心灵的世界。有时，这会成为我们不继续之前行动的借口。人们会说："在我意识到这些事情出现之前，它们就已经发生了。"但这样的借口并不能成为我们继续放任这些不和谐思想存在的理由。我们就某个方向所进行的思考，其实与对其他方向进行的思考速度是一样快的。如果他最终选择这样做，可以像选择让不和谐思想突然出现那样，使其突然消失——这一切都可以在瞬间完成。突然而至的愤怒感觉也可以在其刚刚出现的时候就被我们赶出心智。

每一种类型的思想在心智中出现的速度其实都没有差别。我们让和谐思想或者不和谐思想占据心灵的速度都一样快，只不过很多时候我们不愿意承认这样的事实罢了。如果和谐思想能够在瞬间进入我们的心灵，那么不和谐思想同样可以做到。虽然心智可能要花一些时间通过神经纤维将这些信号传递给肌肉，但即便这样，信息传送的速度也是极快的。

当然，一些人会认为某些思想所产生的即时性甚至超过了一个行为，而其他思想则是在之后才出现的。当然，传送的过程可能比较漫长，因为这需要我们将一些事情先搞清楚。在一个人想要谋杀他人之前，他的心智中必然存在着贪婪、嫉妒、愤怒、想要报复或者其他邪恶的心理。按照现代科学的一些理论，一个人做出这样的行为可能要追溯到他的祖辈遗传。一连串思想中萌生出来的这个念头更加容易受到我们的控制，要是能够从一开始就摧毁这样的想法，就可以防止这样的思想逐渐成熟。这些思想都代表着邪恶与不和谐。按照这样的理论，每一种这样属性的行为在刚一冒头的时候就应该被抛弃，虽然没有人会指向即时的"公然行为"。

诚然，这些"公然行为"带来的危险并不会构成最大的危险，因为最大的危险源于一系列思想中最开始出现的那个思想。伐木工人如果能够在木头上找到一条裂缝，然后用楔子插进去，劈起木头来就会非常容易。同理，我们的思想也面临着同样的问题。一个人不应该让任何不和谐的思想进入，因为这些不和谐的思想正是我们所遭遇的危险，这些思想就像是那个楔子，而我们要想确保心灵的安全，就必须承认这一点。

中国古代的智者老子曾经说过："天下难事，必作于易，天下大事，必作于细。"如果种子一开始就被摧毁了，接下来就不会发芽或抽枝，最后也不需要我们动手去将其连根拔起。我们很多人所面临的主要问题就是，我们始终无法对此进行正确的理解，总是放任这些野草不断地生长，最后导致整个花园都长满了野草。我们在面对这些情形的时候，绝对不应该犹豫不决，而应该果断出击。不和谐的思想延续的时间越长，它们积累的能量就越大，铲除的难度也变得越大。我们的犹豫只会给这些不和谐思想渐渐扎根的时间，增加我们所面临困难的难度。如果某人忽视了一开始冒出来的火苗，这样的火星最后就可能发展成燎原之势，导致整个房子都被烧毁。

一个男孩正在骑车下山，如果他看到了前方可能出现的危险，他可能会非常轻易地审视自己做出的第一个动作。无论他一开始的动作仓促或是下行的山坡比较陡，他一开始都需要特别小心，慢慢地从山上下来。当他意识到危险的存在后，就会在瞬间采取果敢的行动。当他来到了下坡一半的位置，就会发现自己下滑的速度变得越来越快，原先积累的动能让他很难骑稳。此时，他可能会用力刹车，但这样做也可能存在危险。尽管他已经想到，要是一开始就这样做的话，根本不会出现任何危险。这一切之所以出现，就是因为一开始他没有停下来。

我们应该像扔下手中炽热的炭块那样，将不和谐的思想从脑海里赶走，然后全力欢迎和谐的思想进入脑海。迅速与果断的行为将让我们在接下来的行为中免生许多烦恼。

第十四章　坚持不懈

　　任何一种心灵活动都必然产生某种结果。因为能量持续的法则表明了一点，那就是任何发生的事情，无论看上去多么无足轻重，最后都必然会对接下来发生的事情产生影响。宇航员认为，石头掉落在地面上让地球偏离轨道的程度，和它的大小成正比，任何存在的事物都有其存在的价值以及重要性。我们可以接着发现不和谐思想表现出来的微弱征兆，然后马上对此加以制止，因为哪怕最轻微的不和谐思想都必然产生一定的结果。因此，我们绝对不能放任这些不和谐思想继续蔓延。如果我们认为一些非常小的念头不足以引起我们的注意力，那就犯下一个非常严重的错误。

　　唐尼布鲁克集市的规则："无论你在何处看到他人的头部，都可以用力击打。"这样的规则在这个话题上也适用。如果微小的错误不能从一开始就被扼杀，那么必然会给我们带来严重的后果。一旦发现刚冒头的小错误，就必须加以处理。只有这样做，我们才能为今后做更大的事情打下坚实的基础。如果忽视一些小错误，必然会让我们缺乏足够的能力去做更大的事情。事实上，如果我们不遵循这样的法则，可以说我们根本就没有可能获得做大事的机会。

我们所做的改变就应该始终如一地坚持，这一点同样重要。如果错误或者不和谐的思想重新想要占据我们的心灵，我们也应该像一开始那样对此立即表示拒绝。如此反复的做法应该不断被重复，而不论那些不和谐思想对心灵的攻击有多么频繁。如果我们稍微有所放松，就可能让这些不和谐思想在心灵里扎根，到时候要想铲除，就会格外困难。在面对那些不和谐思想的时候，我们不应该表现出任何的犹豫或者延迟。德国有一句古谚，刚好可以用在这种情形中："在大街上瞎逛，永远都回不到家。"

詹姆斯教授曾对那些无法保持对心智控制的人进行了生动的描述。一旦这些人无法控制自己的心灵，一些稍微不良的心理暗示就会进入他们的心灵，开始占据原本属于和谐思想的空间。詹姆斯教授这样说："比方说，我正在背诵《洛克斯利大厅》一书的内容，从而更好地将自己的心灵从原先那种因为亲戚去世而陷入停顿的状态转移开来。我的意志依然会停留在原先悲伤的背景下，在我的意识世界里处于极端边缘的状态。但是诗歌却能够充分占据我的注意力。然后当我读到这样的句子——'我，是所有年代的继承者，也是未来时代的先驱者'——的时候，我感到自己能够同处于意志边缘状态的思想神奇地联系在一起，这反过来让我的心灵充满了美好的憧憬。于是，我将手中的书放下，兴奋在地板上来回踱步，让心智想象着自己未来所能获得的美好。"

情感只不过是心灵状态所激发的一种情绪状态。对思考的控制能够让我们更好地对情感进行控制。那些不懂得如何对情感进行控制的人，反过来会被他们的情感所控制，导致自己最后遭到毁灭。如果这些人一开始就懂得如何对思考进行控制，他们就可以避免接下来可能遇到的更大麻烦。克里斯蒂森曾这样写道："对心智正常的人来说，情感会受到意志能量的控制，从而按照意志的需要将一些情感排除在外。"每一种情感都能够通过将心灵产生的情感排除在外，实现对心智的控制，对于所有处于中等程度的思想来说，这都是可以做到的。这种控制中等程度思想的做法会让我们的心灵处于一种平和的状态中，避免出现任何过激的行为。

每个有意想要将不和谐思想排除在心灵之外的人，都会有一些对自身而言比较特殊的经历。一些思想可以轻易地被我们放在一边，另一些思想则比较困难，这与我们当时所处的心灵状态息息相关。我们之所以会面对许多困难，就是因为当事人的思想状态已经让他处于一种缺乏指引的状态，从而很容易受制于外界所传递出来的暗示。还有一些人则因为有沉重的心理负担，无法通过持续的努力摆脱这些不和谐的思想。长时间养成的习惯是很难靠一次努力就改变的，想对心灵进行完美的控制也不是一下子就能够实现的。这个过程必然会出现很多困难，但只要我们坚持不懈地努力，这些困难最终都会被克服。如果我们意识到这样做所获得的结果，要比这个过程中付出的努力更加具有价值的话，我们就不会感到那么困难，在这个过程中的坚持也就不会感到那么煎熬。

在我们刚开始进行训练的时候，最好能从一些比较容易克服的不和谐思想入手。睿智的将军会将敌人的力量分散开，然后逐个击破，一般都是从敌人最薄弱的位置发起进攻。因此，他能够更好地击败这些敌人，因为他的优势兵力要比那个位置上的敌人更加强大。伟大的运动员一开始都是从基本的动作训练起的，在坚持的训练过程中，他不断增强自己的力量与智慧，最终得以在竞技体育中有所成就。

我们最好还是按照相似的方法进行心灵训练。分化心灵的敌人，首先攻击这些敌人力量比较薄弱的地方。一旦我们克服了这些敌人，原先看上去坚不可摧的城堡就会逐渐倒塌。我们要做的，就是首先按照自身的能量去提起恰当的重量，不断地进行训练，之后再慢慢提起更加沉重的物体。要想攀登最高的山峰，必须要从山脚的一小步开始。

当一些看上去无足轻重的思想被我们切断，抛离心灵的世界之外，另一种思想就会进入我们的心灵世界。意志的功能是需要我们不断进行训练的，一开始感觉比较困难的事情经过训练就会变得容易。接下来，我们所要克服的障碍要比之前的障碍显得更加困难一些，但我们总是能够从之前的经验中得到教训，从而更好地加以克服。因此，这样的训练能够帮助我们很好地将错误的思想排除在心灵世界之外，直到所有不和谐的思想都远离我们的心灵。

每天早上醒来的时候，我们都要有意识地唤醒自信的决心。一天伊始，我们要对这一天的工作抱着强烈的信心，相信自己能够将事情做好。我们需要回顾一下昨天所做的事情，对自己使用的方法审视一番，看看如何才能够更好地避免出现失败，从而更好地确保获得成功。对之前成功的经历要进行认真的研究，这会进一步深化我们的认知，增强我们的自信，让我们能够在接下来的一天里取得佳绩。我们的心灵要为此感到无比欢乐，为自己取得的每一个成功感到快乐。记住，要对此感到欢乐。欢乐的情感本身能够极大地提升我们的身体能量，让我们的内心充盈着和谐的思想。所以，我们要培养这样的欢乐情感。沮丧情感消失的程度与我们培养欢乐与宁静心态的程度是成正比的。

对初学者而言，一开始进行这样的训练可能会让他们遇到一些意想不到的状况。他们不仅会遇到许多无法预测的困难，同时他们原本觉得应该很容易解决的问题，需要他们坚持不懈的努力才能够解决。但是，在这个过程中，他们会感觉到自己其实非常享受这一过程，并且发自内心地想要沿着这个方向继续努力，从而将所有不和谐的思想都赶出自己的心灵。在训练的过程中，他能够更加清楚地知道自己该怎样做。观察认真的人会从上述经验中感受到一点，那就是他自身的心灵过程会获得更多的智慧与刺激，从而让自己有更大的动力坚持下去，取得更加圆满的成功。

也许，这个过程中出现的最大危险源于沮丧的情感。我们一开始所表现出的高涨热情会收到良好的效果，而取得的成功也会让当事人感到惊讶。这样的成功也会让初学者认为成功几乎就在眼前了。当我们的警觉之心开始逐渐消失的时候，这样的思想必然会浮上我们的心头，从而导致注意力的松懈，最后导致出现失误。或者说，我们在这个过程中感到无比疲惫。在这一期间，我们还需要对一些外界的诱惑保持警觉，因为只要我们稍微放松警惕，就会让这些错误变得越来越严重，从而想要克服它们就变得越来越困难。此时，失望与沮丧的情绪就自然而然地浮上我们的心灵。

这在心灵训练的过程中很重要，因为倘若我们稍微犹豫或者出现失误，就可能重新回到过去的老习惯当中，让自己受到巨大的诱惑，而这些诱惑可能对我们原先的目标是致命的，让我们前功尽弃。要想恢复之前的状态，我们可能需要付出更大的努力与代价。以那些酗酒成性的人为例，当他们想要戒掉酒瘾的时候，绝对不能容忍自己再犯下一次错误。因为他们一旦放松了警惕，就很容易让之前戒酒的努力全部付诸东流。之后，他们想要戒酒的难度就比之前更大了。对于酗酒者来说，他们所面临的危险就在于喝第一口酒，而导致他们这样做的原因就是他们允许了那些不和谐的思想进入心灵的世界。一开始，这些不和谐的思想可能显得微不足道，似乎无法造成什么严重的结果，但如果我们不加制止，就必然酿成大祸。所以，无论我们面临着多么艰巨的任务，只要我们能够持续地坚持与努力，就必然能够取得最后的成功。

第十五章　并不总是那么容易

其实，在没有外界刺激或者影响的情况下，改变自身的思想并不是一件容易的事情，因为通常来说，事实与我们所想的刚好相反。我们也没有足够的能力每一天都做这样的事情。任何一个习惯都不可能通过几次尝试就轻易打破，只有持续、忠实且富于决心的努力，才能够帮助我们将捆绑在人类身上的习惯打破。

要想在心理训练的过程中取得成功，唯一必要的条件就是，我们必须真的非常认真地投入到这项工作当中，不断重复将那些不和谐思想赶出心灵的行为。我们能够这样做的能力本身就非常有价值，即便在这个过程中不存在其他方面的考量。詹姆斯教授曾在这方面发表过自己温和的见解，他说："将那些出现分散的注意力集中起来，这是判断力、品格与意志的基础。如果一个人没有这样的能力，那么他根本无法保持清醒的头脑。真正的教育应该教会每个人集中注意力，提升他们这方面的能力，只有这样的教育才算得上是真正的教育。"集中注意力的能力是我们想要取得思想控制方面成功的一个基本因素，同时也是我们在人生中取得成功的一个基本因素。正如之前所谈到的，我们使用的方法其实非常简单且有效。詹姆斯曾说，能够帮我们实现这个目标的教育，其实都是优秀的教育。教会每个学生掌握集中注意力的能力是所有成功教育的基础，因为我们在人生早期阶段学习知识是相对容易的。所以，不管我们遇到多么大的困难，都值得我们付出努力去认真克服。

在执行与实现这个目标的时候，一件比较重要的事情就是，我们并不需要聘请那些需要付费的老师，不需要厚厚的书本或者任何超出个人能力的东西，不需要改变自己的生活方式，也不需要远离自己的家，更不需要放下手中的工作。无论何时何地，我们都可以在做其他事情的时候兼顾这样的训练。每个人都是自己最好的老师，诚然，他也必须要成为自己的老师，因为其他人不可能在这方面给他提出任何建议。每个人都必须从自己的人生经验中选取一些经历，然后好好地学习，找出自己的错误，并认真改正。毋庸置疑，这一切都是为他自己而做的，老师所能够教他的，只能是其他方面的事情。但是，在这个过程中，我们必须要有坚忍不拔的意志，坚持不懈，有着取得成功的强烈决心，这必然能够保证我们克服重重困难，取得最终的成功。其实，这是任何人都是可以做到的。整个过程其实只包括了两点：我们不应该去做一些本来就不应该做的事情；我们要不断重复一些必须要做的事情。

事实上，一个人在某些时候成功地控制了自己的思想过程，这就证明了他可以在任何时候都按照自己的想法去做。一个人之前能够做到的事情，他现在也可以再做一次。在这里，明白这个事实是非常重要的，因为这毫无疑问地说明了一点，那就是圆满的成功是可以实现的，不管我们在这个过程中会遭遇多少困难。我们要做的，就是在那些不和谐思想出现的时候，将它们赶出心灵的世界。

那些认真且坚持追寻一个目标的人，不应该对此感到倦怠。在我们追寻目标的过程中，肯定会出现许多不那么重要的事情，但这只能说明我们已经取得了进步与收获的成果。当然，这也说明了我们还有很多事情要做以及该怎样更好地做。若绝望的情感从未出现，或我们从未感觉到成功似乎变得不可能的想法从来没有出现的话，反而显得不合情理了。但是，绝望的情感只不过是不和谐思想中最糟糕的一种，必须被我们立即清除掉，不管这需要我们耗费多少精力与实践。当然，还有诸如失败等经历，这些都需要我们努力克服，最终使之变为成功。我们要在心中始终记住一点，那就是"困难的存在，只不过是让我们去克服的。"中国的《论语》中有一句话是这样说的："慎终追远，民德归厚。"

所以，我们唯一的途径就是不管遇到什么事情，都要坚持到底。要想获得更有价值或更伟大的结果，必然需要我们付出一定的努力与代价。这条道路是平坦却又狭窄的，但说到底终点的奖赏又是每个人都想要获得的。保罗在谈到一个想要追寻更加美好事物的人时，这样说道："让他在善行中不要感到疲倦，因为如果他不对此厌倦，在恰当的时候必然会获得丰收。"我们永远都不要忘记下面这句话，因为它代表着永恒的真理：

我们始终都能够成为自己心目中想要成为的那个人。

第十六章 身体态度的影响

外在的生理表现所具有的属性是非常重要的。比方说，悲伤的思想会对身体产生影响，这种思想所呈现出来的外在表现包括让我们流泪，还会让我们的脸颊、手势或者整个身体都表现出特有的特征。而一些与悲伤思想相反的情感，诸如幸福、开心，则会让我们的身体表现出不同的形态。在所有的情况下，我们的身体都会追随着心智活动，然后心智就会受到我们对身体状况的认知而产生的影响，这些都是由之前的心理活动所造成的。我看到过一个人因为自身的心灵活动而陷入一种狂热的状态中，而当他意识到这种狂热状态是他的心智活动所造成的时候，又感到非常惊恐。他所感受到的这种惊恐，其实就是他对自身狂热情绪的一种结果，而这样的认知在这之前是不可能出现的。当他察觉到自身出现的这种狂热情绪时，他就能够认识到产生这种情绪的根源，那么他就不会感到任何恐惧了。因此，虽然我们经常会谈到身体对心智所造成的影响，但这样的影响都是心灵活动所造成的。也就是说，心智具有感知身体状态的能力。

身体活动对心智产生的影响是通过对身体状况的认知来实现的。

如果身体所展现出来的态度对任何心灵情绪来说都是自然的，这样的认知就会变得非常强烈。身体的态度将会作用于心智，从而引发一连串的心灵活动，自然而然就会让我们的身体表现出该有的活动。身体对心智所产生的影响是可以通过心智自身的活动来实现的，因此，我们可以利用这样的规律对心灵的状况加以控制与提升。

在正常状态下，欢愉的情感在人身体上的表现状况，就是挺直腰杆、昂起头颅，双目朝着前方望去。欢愉的情感给人带来的肢体语言是相当明确的，倘若我们能够保持这样的肢体语言，必然能够让我们的内心真正产生这样一种欢愉的情感。事实上，这种心理态度所产生的心灵影响是非常重要的。倘若一个人能够在半个小时内保持这样的走路姿势或者身体活动，他几乎不可能让自己的情绪处于一种低落的状态中。

那些想要将所有不和谐思想赶出心灵的人，都应该让自己拥有积极的身体态度与表现形态，而这样的状况却只有在我们获得了让人愉悦的和谐思想之后才会出现。无论你是否想要微笑，最好都露出微笑。有时，即便是强制自己做出微笑的表情，也能够帮助你更好地消除心灵世界里的不和谐思想。"如果你尚不具备某一种美德，你就应该假设自己已经拥有了这样的美德。"如果你强迫自己露出微笑，你很快就会发自内心地露出微笑了。这将更好地帮助我们吸引那些和谐的思想。如果我们怀着正确的心灵态度去做，这两样工作必然能够帮助我们取得即时的成功。但是，我们要做的是微笑，而不是咧着嘴大笑。或者说，至少我们应该多一些微笑，少一些大笑。任何人在强迫自己露出微笑的时候，都必然会让自己产生一种值得微笑的思想，正如任何人都不可能在心灵的世界里没有出现愉悦的思想时感到愉悦。这样的规律就说明了一个道理，那就是身体的态度或者表现方式在让我们更好地实现圆满的心灵态度层面上，是非常灵验的。在遮蔽阳光的乌云后面，阳光始终在散发光芒。所以，只要一个人不固执地待在阴影下，他是绝对可以见到阳光的。

对演员来说，不管是在公共生活还是私人生活中，他们都可以通过控制自己的心灵态度去取得成功。与此类似的是，那些能够成功控制心灵的人都将发现一点，即若他们将自己想要获得的心灵态度变成自己的身体态度或者表达方式的话，他们就可以获得自己想要的心灵状态。

詹姆斯教授在他的著作《与老师交谈》里对此进行过深刻的探讨。他在书中说："因此，如果我们自发性的愉悦感消失了，自主地朝着愉悦情感的道路前进，就会让我们怀着愉悦的心情坐下来，以愉悦的心情观察周围的事情，让我们能够始终怀着愉悦的心情做出一些行为，比如谈话。如果这样的行为不能很快让你感到愉悦的话，在那种情况下，任何事情都不可能让你感到快乐。所以，我们要让自己产生勇敢的情感，似乎自己本来就非常勇敢，你要充分运用自身的意志能量坚持到最后，让勇气代替恐惧，从而帮助自己更好地生活。在此，我们还需要提出一点，要想以善意去面对那些对我们抱有敌意的人，我们就应该有意地说一些别人的好话。爽朗的笑声可以帮助我们化干戈为玉帛，让自己的心灵与人更加亲近。其实，在这个过程中，双方可能都在与心灵中那个冷血的魔鬼进行斗争。当我们与一种消极的情感进行斗争的时候，必然会将大部分精力集中于此，让我们的心灵无法摆脱这种消极的情感。倘若我们能够由某种积极的情感出发，消极的情感就会像阿拉伯人卷起帐篷，安静地消失在沙漠里。"

这并不是虚伪的理论，也不是自我欺骗。这样做的目的就是要消除所有的错误思想——因此，这样的思想是值得赞扬的。

第十七章　完全属于你一个人的工作

将不和谐的思想赶出心灵世界的做法，并不需要我们改变自身的宗教信仰，也不需要在任何程度上影响他人的生活方式。其实，这与任何人的关系都不那么大，只与想要这样做的人存在着直接关系。可见，这样的工作只与你自己有关。除非他人想要给你一些帮助，否则你也不需要他人的帮助，因为这样的帮助不仅会显得鲁莽，甚至会变成一种障碍。沃尔特·惠特曼就曾用非常简短且清晰的文字这样写道：

　　任何人都不可能为他人实现什么——什么都不行，

　　任何人只能为自己的成长做出努力——而不是为他人。

这句话是非常正确的。因为任何一个人都不可能替他人观察、聆听或者思考，每个人只能靠自己这样做。因为一个人的思考只能是属于他自己的事情，绝对不可能属于其他人。思考过程中出现的任何紧急情况或者带来的结果，其实都是自身思想的结果，这也完全取决于个人所做的努力。但是，将不和谐的思想排除在心灵世界之外，同时将和谐的思想引入我们的心灵，就完全是心灵本身的活动了。因此，这样的工作完全是属于个人的自我的事情，不可能委派他人去做。对心灵殿堂进行清理，只能是个人的工作。

可能其他一些事情或多或少都取决于他人的帮助或者阻挠，但是一个人的思想绝对不能取决于他人所做、所说或者所想。一个人的心智就是属于他固有的世界，除非他愿意，否则任何人都无法进入。人是绝对不会允许他人对自己进行轻微的控制。他的思想是完全属于他自己的，而不属于其他任何人，当然任何人的思想也绝对不可能属于他，除非有人选择接受这样的结果。因此，这样的责任是每个人都应该承担起来的，但是这样做的背后，补偿可能就在于这样一个事实，那就是他的行为可能是未受阻碍或者未受影响的——也就是说，他是自由的。

人其实是一个天生就要遵循法则的动物，每个人都能够控制自己的身体，能够出于自身意愿环游世界，也可以将自己关在一个地方，可以自行决定如何处理财产。也许，很多人会强迫他去做一些他不太愿意做的事情，但除非他内心真的对此表示认同，否则任何人都无法进入他的心灵世界，影响他的思维方式。一个人的思想始终是属于他自己的，直到他用话语去表达出自己的思想，但即便如此，他依然对自己该说什么话保持着最高的控制权。每个人都拥有神性的权利，去思考一些让他感到愉悦的事情。我们应该坚持这样一个原则，但却很容易忘记一点，那就是神性的权利应该与神性的事物联系在一起。很多人都会认同一点，那就是每个人都有权思考一些让自己感到愉悦的事情，当然这个前提是他没有通过自己的话语或者行动表现出来。但是一个人却没有任何权利思考一些错误的思想，也没有任何权利去做一些错误的行为，这个结论是无比正确的。不道德的思想应该同不道德的行为一样，被我们死死地控制住，因为这是所有不道德的根源。

古代一位诗人曾说出了这样一个事实："我的心智对我来说就是一个王国。"其实，他的这句话还不是非常完善，如果他能够这样说："我的心智对我来说就是我的王国，"就会显得更加精确、更有力量。一个人的心智的确是属于他的王国，所以他绝对不能让自己的王国被他人控制。如果一个人已经对自身的思想进行了训练，那么他就可以比孤独的塞尔扣克更有勇气地说：

> 我是我心灵的国王，
>
> 我所拥有的权利是任何人都不能质疑的。

所有这些想法对我们执行心灵的训练来说都是非常有好处的，因为这能让我们将事情的整个发展过程都控制在手中，完全不受他人的阻碍或者影响。一位当代作家曾带着一丝悲伤的口气说："在所有最深沉的体验里，灵魂是孤独的。每个最关键的决定都必然是人在孤独的时候做出的。"虽然人的这种孤独的心灵状态有时是必然存在的，但这并不是让我们与他人疏远的重要原因，也不是阻挡我们的唯一有价值的社交愉悦或者优势。相反，这是一种恩惠与荣耀，可以让我们意识到一种能量、自我控制以及自由，这些都是其他途径无法给予的。那些已经对心智进行过训练的人，必然会遵循自身的意愿，因为他能够肯定并且实现自身正确的心灵优势，从而牢牢地控制自己。这样的人才能够更好地享受与他人接触所带来的快感，同时获得更好的东西。对他来说，他人是不可能给他带来什么的，他只能够享受控制心灵所带来的一种自由感觉。

我们认识到了自我控制与获得自由是不可分割的时候，会让我们有能力去做到他人无法做到的事情，最终让我们获得真正的自由。当一个人真切地发现自己存在滞后，他最强大的力量就能展现出来。他能够按照自己的意愿做出选择，将所有的阻碍都抛在一边，同时不干涉他人的生活。这样的话，任何人都无法干涉他的行为，也不会有人对他的行为产生质疑。这样的能力并不是以断断续续的方式表现出来的，而应该以持续的方式表现出来。人在很多时候都是不孤独的，但在做出决定的时候，他必然是孤单的，但这个孤单的过程其实并不会让他感到孤独。事实上，这样的孤单对他来说，可能是最大的祝福，因为在消除了所有不和谐的思想之后，正如爱默生所说的："会让人待在家里的时候，感觉就像置身天堂。"这种美好的结果可能会以出人意料或者人们难以想象的方式延伸到未知的人性世界，这是我们之前难以想象的。

第十八章　摧毁不和谐的思想

在摧毁不和谐思想的过程中，要想获得足够的优势或者效率，就需要我们注重一个重要的事实。也许在很多情况下，我们都会忽视这样的事实，因为人们在很多时候都没有注意到它，所以他们会觉得这些事实似乎是不存在的。因此，人们可以通过自我的遗忘，让一个物体或者思想完全从意识的世界里消失。在这一遗忘的过程中，这样的想法似乎根本就是不存在的。当然，要是我们能够重新想起这些事实的话，当事人就会在心智中浮现出这样的想法，即通过心灵的活动，这些事实对当事人来说会变成一个事实。

单纯看到某一个事实并不能让我们感觉到这就是事实，因为我们要想对这些事实有更加深入的了解，就需要我们对这些意识拥有更为强大的感知。这样的意识本身就是思考的一种形态，所以这些事实只能在我们对此感到真实的时候，才会真正对我们起作用。因此，在这样的事实进入意识之前或者走出意识世界之后，对当事人来说似乎根本就不存在。

我们经常嘲笑那些过分专注于某种思想的人，因为这些人似乎完全忽视了身边发生的其他事情。在那个专注的时刻，对他来说，他正在思考的事实就是世界上唯一存在的事实。换个角度来看，可能他思考的程度过分强烈，导致他认为某一种并不存在的事实变成唯一真实的存在。一个人早上起来，习惯性地对着挂在某处的镜子刮胡子。如果我们将这一面镜子挪到其他地方，此人依然会在这个地方刮胡子，即便此时这个地方已经没有了镜子，他也会津津有味地刮着胡子，似乎镜子依然在眼前。然而，一天早上醒来，当他想要刮胡子的时候，突然意识到镜子已经不挂在墙上了。这样的突然意识可能缘于他在刮胡子的时候不小心刮出血了，从而意识到自己已经没有镜子的帮忙了。对那些精力完全专注于某件事情的人来说，世界上唯一存在的事物就是他们脑海里正在思考的事物，不管他们思考的事情对他人来说是否存在，都是如此。这种全身心投入一个想法中的人与正常人的区别，就在于前者若要恢复对其他事物的意识过程，需要做出更大的努力。

有时，每个人都会完全忽视发生在身边的事情，但这只能说明如果我们将全部的注意力都集中在某个特定的方向上，会将其他的思想完全排除在外。很多人都沉浸在棋牌游戏当中，从而失去了对痛苦的感知。还有一些人沉浸在某一种游戏当中，从而彻底忘记了身体或者心灵的苦楚。这就是自我遗忘的一种表现形式。这样的思想并不单纯停留在心智的世界里。因为一旦这样的思想走出了心智，它就绝对不会创造任何不和谐，或者在体内催生有毒的化学物质。当这样的状态变得持久，我们就会称之为治愈的过程。那些一直对自己进行训练的人，必然能够对自身的心智进行完全的控制，从而让他在不打牌的时候，依然可以将这样的状态持续下去。

一些事情对于思考者来说之所以是真实的，就是因为它们牢牢地占据着他们的心智。所以，对他们来说，这些事情是否真实存在并不重要；重要的是，当事人觉得这些事情是真实的。这可以通过那些身处幻觉的人的表现得到阐述。对这些人来说，不存在的事物对他们而言就是真实的。通常他们都非常专注于这些不现实的事物，甚至当事实摆在眼前的时候依然执迷不悟。

但是，我们并不需要寻找那些精神失常之人作为例子。如果某人真切地认为他的朋友是错误的，那么不管事实是否如此，他都会让自己的心灵与身体状态朝着这样的方向前进，似乎自己认定的一切就是事实。这个世界充斥着许多这样的事情，几乎每个人都可以观察到这样的事实。正是我们的思考才让事情变得真实，如果我们没有了这样的思考，那么事实对我们来说就是不存在的。

在这样的联系里，我们需要注意两件事情。第一，如果心智对现实缺乏足够的认知，并不能摧毁现实存在的意义。只是对那些没有做过这种思考的人来说，这才是不真实的，似乎这些事情根本就是不存在的。第二，心智之所以会产生这种不真实的感觉，并不能变成一个真正的事实。因为对思考者来说，他始终思考这样的事实，才会觉得这是真实的。但就现实而言，情况可能并不如此。众所周知，一个认为自己正在流血致死的人往往都是因为自身的思想出了问题才导致这样的情况，因为他本人可能根本没有流出一滴血。还有成千上万类似的例子可以证实这样的事实。

用一种思想替代另一种思想的做法是值得赞扬的，只有当我们做得更好的时候才可以放弃这样的方法。但是，摧毁不和谐的思想则是一种更具实效的方法。对于思考者来说，将某一种思想从心智的世界里赶出去，其实就说明了一点，那就是在我们将这些想法排除在思想世界之外的同时，也在摧毁这些思想。当我们持续这样的行为，这些思想就将永远不会进入我们的心灵世界，这就是不断将错误或者不和谐思想排除在心灵世界之外的做法最终带来的美好结果。如果这是一个错误的思想，或者说是一个错误的想法，这样的错误对他来说就应该是被完全摧毁与破坏的。如果全世界的人都想着要将这些错误的思想排除在心灵世界之外，它们就绝对不会存在于这个世界上。

这段论述的正确性可以通过下面的例子验证。那就是某些人对某些事物的错误想法，很容易被他人视为是不存在的，诸如我们对某位没有犯错的朋友得出了错误的想法。虽然这样的错误思想对当事人来说是真实的，但如果我们能够将这种错误的想法完全排除在心灵世界之外，那么这些错误想法就相当于被摧毁了。如果这样的错误思想被我们永远地排除在心智的世界之外，那么这些错误的思想对我们来说就永远都不存在了。同样的事实也适用于我们对那些看似即将来临、却永远都不会出现的灾难的看法。这样的恐惧心理是完全可以从我们的心智世界里消失，从而被我们彻底摧毁的。可以说，对于所有错误的思想来说，我们都可以这样做，那就是彻底地将这些思想摧毁。

替代与摧毁这两种思想方法是可以同时运作的，替代的方法能够帮助我们将眼前的工作持续下去，帮助我们更好地工作。如果我们持续地坚持下去，最终的结果就是将所有让人反感的思想全部抹去。一些人说得对，那就是人类的疾病十有八九是因为焦虑造成的，这样的焦虑，其实就是我们对那些永远都不可能发生的事情的焦虑。任何事情或者焦虑都不应该存在于我们的思想世界当中。如果这样的思想从我们的心智里消失或者被毁灭的话，那么那些疾病就可能永远消失，因为它们已经被摧毁了。这个世界上最让人感到可悲的事实就是罪孽，无论我们用怎样的借口去为其开脱，这都是事实。但我们依然还有办法摧毁这样的罪孽，比如遵循耶稣基督的意志。他会让我们将所有的错误（包括我们所有的罪孽）都完全清除出我们的心灵世界。要想做到这一点，最重要的就是宽恕。因为宽恕就意味着我们放下了一些东西。当我们将事情放下的时候（也就是将那些错误的思想排除在心灵世界之外），我们的错误以及他人的错误才会消失。之后，他人的错误就再也不会让我们感到烦恼。当人们做到了这一点，他们就不会感到自己有任何罪孽了。

虽然我们需要摧毁的只是某一种思想，但这种思想的存在也必然是因为某个原因。我们千万不要忘记一点，那就是每一种不和谐的思想都是造成不和谐心灵与身体状况的源泉。一旦这样的源泉被我们摧毁，这些思想所带来的结果就不会呈现出来。所以，摧毁不和谐或者错误的思想其实就是摧毁让我们置身于错误状态的可能性。那些放弃了说谎习惯的人所能够做的，其实就是说出自己真实的心里话。那些摧毁了不和谐思想的人所能够做的，就是让和谐的思想进入心灵的世界。摧毁所有不和谐的思想会让所有和谐的思想存在于心间。这只会催生我们的心灵从事和谐的行动，让我们在没有任何不和谐思想的干预下产生和谐的思想。这就是我们要实现的一个终极目标。我们只有通过对心灵的控制，才有可能实现这个目标。因此，人们应该让自己摆脱所有的人生烦恼，尽可能多地感受到人生所带来的美好。

第十九章　进退维谷

古希腊水手在航海的时候不仅要躲避锡拉岩礁，还要避免遇到卡律步迪斯女妖，以防止自己的船只倾覆。同样，为了防止一些不和谐的思想进入我们的心灵，我们也需要时刻保持警惕的心理，避免陷入类似的情境当中，以致无法自拔。

有些时候，如果不和谐的思想没有呈现出来，是比较奇怪的。但任何形态的心灵不平静都绝对不能成为我们参与到这个过程中的借口。因为偶尔或者时常出现的失败所导致的沮丧感，可以被我们迅速排除在心智的世界之外，就像那些不和谐的思想能够立即被我们赶出心灵的世界。我们不应该认为这样的沮丧就代表着某种失败；相反，我们应该觉得这样的感觉可以让我们获得最后的成功。因此，我们可以用更安全与舒适的方式养成这样的习惯，用来抵御时不时会出现的沮丧感觉。

一时或者偶然的失败所带来的沮丧或者遗憾的感觉，很容易让我们产生自我谴责的感觉。这通常伴随着悲伤、不安、沮丧甚至是绝望。这样的感觉永远都无法给我们带来真正的帮助，只会起到阻碍作用。为了改正一个已经犯下的错误，我们没有必要谴责自己。任何人都不可能通过沉湎于过往的错误而让自己变得更好。如果我们在摆脱一种错误的时候，放任另一种错误占据心灵，那么这样的改正是没有任何意义的。

罗斯金就曾用非常清晰有力的话语阐述了这个事实。他说："不要去想自己所犯的错误，更不要去想别人所犯的错误。要是接近你的人都能够看到你的优点与强大之处，你应该为此感到高兴。你也应该努力发扬自己的这些优点。最后，你的错误就会在恰当的时候如凋零的叶子那样飘落在地。"

责任感或者工作带来的负担感不应该与我们将不和谐思想排除在外的思想联系在一起，我们也不能让任何残存的焦虑感占据心灵，以防止这些残存的思想再次进入我们的心灵，从而引起我们内心的不安。如果这样的话，当人们面对同样一种错误思想而发起第二次进攻的时候，他的处境就会变得更加糟糕，因为他必须要同时战胜两种错误的思想。虽然他可能最后成功地消除了一连串他想要摆脱的思想，但依然会发现自己陷入类似于第一种思想的错误怪圈。当我们在铲除一种错误思想的同时，却允许另一种错误思想的泛滥，并不是清除错误思想的正确做法；相反，我们应该彻底改变原先的做法，做到将错误思想连根拔起。任何人在对错误思想进行思考的时候，都不会承认自己的心灵里还残留着其他错误的思想，但这样的说法并不是我们允许其他错误思想存在于心灵世界的原因与借口。要是我们允许这些错误思想击败自身的心灵控制，那么控制心灵的努力就会前功尽弃，从而让原先错误的思想得不到有效的控制。

在心灵训练的开始阶段，进行持续的努力看上去是不可避免的，但如果我们能够坚持下来的话，就能够培养更好的心灵状态。所以，在绝大多数情形下，思想的改变是可以在无意识的过程中实现的。从一开始，我们就觉得有必要努力将那些不和谐的思想全部赶出心灵，因为这些思想或多或少能够引发我们内心的恐惧感，而这又会对我们取得成功造成很大的困难。我们意识到自己努力的行为，这会影响我们做出完美的行为。所以说，除非当我们的思想发生了全面的改变，否则我们不可能取得全面的成功。

　　当我们进入一种完美自由的心灵状态，将所有不和谐的思想都排除在心灵世界之外，让自己有更多的时间与精力去做好眼前的工作时，我们就可以去成就更好的目标了。诚然，当我们以正确的方式去做的时候，我们就能够在每一次的体验中做得更好。这其实并不是时间与机会的问题，而是说我们应该朝着更好的方向去努力。当我们成就这一切的时候，可能不会出现能力或者活力方面的减少；相反，我们可以沿着正确的道路不断提升自身的能力。

第二十章　道德辨别力

　　将所有不和谐的思想全部驱赶出心灵的世界，并不意味着我们需要对之前谈到的结论的类型、属性或者状况进行改变。除非我们认为有足够的理由对此进行改变，否则最好还是保持原来的状态。一个人可能在没有改变自己对他人品格观点的前提下，克制住对仇恨之人进行攻击的想法。与之类似的是，我们同样可以通过认为他人是值得赞赏的这种思想，将关于他人的负面思想全部赶出心灵的世界。

　　如果一个人想要通过分辨黑白、好坏、对错，或者以任何途径说服自己去获得一个不正确的观点，对我们都是没有半点好处的，相反，只会给我们带来许多障碍。这样一个过程只会降低与模糊我们对正确的认知，所以对我们来说是一种严重的障碍。这样做其实就是一种自我欺骗的行为，当他说敌人是我们的朋友的时候，他内心也知道事实并非如此。所有的谎言本身都是一种错误的表现，如果说这样的行为真的能够起到什么作用的话，那就是对自己撒谎，这要比向他人撒谎造成更加严重的后果。

　　从任何事物中搜寻正确美好的东西，不应该被降格成将任何事物都看成是美好的事物，或者认为错误的东西也是正确的。这样一个过程会混淆我们自身的判断力，让我们分不清哪些是正确的，哪些是错误的。关于这些内容，我们已经谈论了许多。关于这个主题的所有思想都应该尽可能清晰、积极且明显。这两者的界限应该是非常清楚的，好的就是好的，坏的就是坏的，无论我们对此给予怎样的称号，或者对此有什么样的看法。如果错误的东西呈现出来，我们就可以对此进行认知与理解，知道这些错误所具有的真正属性，从而更好地加以避免。但这样做的前提是我们不能受到任何不和谐思想的影响，同时意识到美好的事物正出现在我们的眼前。

我们绝对不能承担将坏事当成好事、将自身缺陷看成值得高兴的事情的后果。我们不能将自身的不幸视为自身的一种优势，也不能将这些事情视为一种人生必须经历的挫折，不能将这些不好的东西视为给我们教训的一种工具，因为如果我们拥有足够的理解能力，就可以事先对这些事情进行认知，这将让人们避免处于逆境状态。每个人都不应该谴责那些坏人，也不应该对朋友犯下的错误耿耿于怀，而是应该将自己所有关于不幸的遗憾情绪都放下来，不让这些情绪牢牢地控制自己，不再因为自身的缺点自我谴责——事实上，我们应该将所有的不和谐思想都放下，将这些思想清除出我们的心灵世界——当然，每个人都可以在不改变自身对某些事物看法的前提下这样做。当我们完成了这一步，就能够以客观公正的心态去看待事物，看到事物存在的真实一面，掌握自己应该掌握的知识，学习自己应该学习的东西，最后获得一个正确的结论，决定哪些事情是对的，哪些事情是错误的，然后按照自身的决定做出恰当的行为。

每个错误或者谬误所具有的真正属性都是我们应该正确理解的，但是我们应该用更为清晰、准确与确信的态度去这样做，将所有的不和谐思想全部赶出心灵世界。避免这些不和谐思想进入心灵世界，并不意味着我们就要远离所有关于正确价值或者事物属性的恰当理解。过去的事情已经过去了，过去的错误已经铸成了，过去的罪过也已经犯下了——所有这些事情都是我们应该尽全力去改正的，而不应该沉湎在这些事情给我们带来的错误思想当中。每个人都应该对过去的这些错误进行详细与认真的研究，只有这样，才能对此有正确的理解，从而更好地避免在未来再次遭遇这些事情。这是一种合理、现实的行为，能够带给我们更好的指引，让我们做事时变得更加高效。

那些想要努力将所有不和谐思想都排除在心灵世界之外的人，其实没有必要担心自己会失去对正确与错误的正常认知。事实恰恰与此相反，这里所提到的心灵训练将让我们对正确与错误形成更敏锐的认知，因为训练辨别能力的做法不仅让我们更好地将错误与不和谐的想法全部赶出心灵的世界，而且让真实与和谐的思想进入我们的心灵，这对我们成功地做好眼前的工作是非常必要的。诚然，任何正确的行为都需要我们进行一定程度的辨别之后才能做到。我们必须增强自身的分辨能力，才能够形成更加准确的判断，让自己对自身思考的道德品质有更清晰的洞察力。这些让人感到愉悦的状况都将随着我们自身能力的不断提升而得到增长。在这样的基础之上，我们的辨别能力就会压倒心中的疑惑，让我们更好地接受那些正确的事情。最后，我们将对事物有更好的理解，为那些正确的事情感到高兴，并排斥那些错误的事情。之前我们认为可能是错误的事情，过一段时间，可能就会被我们视为正确的。对每个想要知道哪些事情才是正确的人，这样的方法就是最具价值的。

在我们进行努力的过程中，将发现耶稣基督的这句箴言："无论谁按照他的意志去做事，都将知道他的信条。"同样的道理也可以用其他话语表述："无论是谁，只要他真心愿意选择一些正确的事情，并且持之以恒地去做，他就会知道该怎样去做。"

第二十一章 一点分析及其运用

也许造成我们产生不和谐思想的主要原因，就是某些事情、状况或者外在事物对自我产生的一种影响。心智与思想的联系以及造成它们的原因都是紧密联系在一起的，但这其中又有两种思想——一种是没有任何不和谐属性的思想，另一种是带有不和谐属性的思想。这两种思想究其属性是迥然不同的，因此将不和谐思想排除在心灵世界之外，并不需要我们将所有与之相关的思想都联系在一起。这就好比当一棵果树上的某个果子出现了溃烂时，我们没有必要将整棵果树连根铲掉。

这个时代的生活节奏不断加快，人们想要过上一种平淡简单的生活并不那么容易。通过详尽的分析，我们可以发现，自身的思想或多或少都有些复杂，这其中牵涉诸多因素，每一种因素都具有显著的特点。这些因素经由看似不可分离的联合一起运转，但它们彼此又相互分离，并不需要依靠彼此来实现自身的存在。这些因素可能形成不和谐思想的源泉，所以我们应该将这些因素全部排除在心灵世界之外，同时不能干预其他因素的正常运转，不能影响到自身思考与行为的效率。只有这样，我们才能在把不和谐的思想赶走的同时，不影响自身正常的生活。

这并不意味着那些看似因为不和谐思想而产生的物体、责任或者要求都应该被全部抛弃掉，也不是说我们应该停止对这些方面的思考。这只是意味着我们应该消除不和谐思想与其的联系。以一种和谐的思维方式思考某个物体或者现象，这与我们用不和谐的思维方式思考存在着巨大的反差。

这两种不同思维方式的关系是非常紧密的。在执行心灵控制的层面上，有时我们甚至有必要停止对诱因事件的全部思考。在早期的尝试过程中，这样的方法通常被证明是最有效且最成功的。如果我们能在某段时间内将关于一个主题的所有思想赶出心灵，我们会发现，自己能够在相当长的一段时间内，不让不和谐的思想进入心灵的世界。对某个主题进行恰当的考量，应该需要我们进行恰当的分析，只有这样才能够获得良好的结果。

只有当我们将这些不和谐的思想全部赶出心灵的世界，才有可能以更加敏锐、客观与准确的心态去看待当前所面临的情况。在这样的情况下，我们才可能对整个局势进行更加清晰的判断，做出最好的选择，寻找与当前情况最相符的做法。

一位朋友可能对我们做出了一些不恰当的行为，我们也认识到，这位朋友可能受自身的愤怒、遗憾、悲伤或者其他不和谐的思想所影响，从而做出了这样的行为。在面临这种情况的时候，我们应该立即将朋友传递出来的这种不和谐思想全部赶走，不能有丝毫的犹豫。每个人都体验过这样做所带来的身体感受，这样的成功感觉能够帮助他

们更好地解决眼前所面临的事情。之后，他们就能在极短的时间内将
这些不和谐的思想全部赶走，不让自己与这些不和谐思想产生任何联
系。可以说，只要我们稍微给予不和谐思想一些关注，就会影响到我
们和谐的思想，即便除了这些思想之外，没有其他的事情影响着
我们。

当不和谐的思想彻底从我们的心灵世界消失之后，我们就能够对
事情进行更加准确的判断。这样的事情到底是怎样发生的？造成这件
事情的原因是什么？这件事该指责谁？他是否做了一些事情，从而导
致朋友这样做呢？在这样的情况下，到底怎样做才是正确与最好的选
择？这些问题都需要我们面对、做出决定，但是任何人都不应该因为
这些问题的存在，而产生任何心理上的不和谐。因为这种不和谐心理
在心灵上产生的强烈程度，最终会不可避免地让我们对事情产生不准
确的看法，接着得出错误的结论。如果我们的内心没有这种不和谐的
想法，那么我们就能够以冷静且睿智的态度去面对这些事情。

远离不和谐的思想并不意味着我们要忽视自身的使命或者逃避任
何责任。事实恰好相反，这意味着我们需要在执行每一个正确任务或
者使命的时候，都始终保持旺盛的精力，更加圆满地完成每一件正确
的事情。这意味着我们需要将所有阻碍实现个人高效行为的心理与生
理障碍都消除掉；意味着我们要尽可能避免让身体出现不和谐的状
况，避免因为不和谐思想所导致的个人烦恼；意味着我们需要尽快处
理那些毫无用处或者有害的思想，从而让自己有更多的时间与精力去
做一些更有价值、更有用的事情。当我们不再去想那些不和谐的思
想，我们的心智与身体就会变得更加强大，有能力让自己沿着正确的

道路更好地工作。

我们面对着这个时代存在的这个邪恶的事物，或多或少都会受这些事物的影响。我们与这些事物的关系越接近，就会产生越多不和谐的思想，引发越多不和谐与有害的情感。要是我们认真观察一下过去一个世纪出现的种种邪恶的行为，就会发现造成邪恶行为的环境，多少都与不和谐的思想联系在一起。我们在谈论的时候，就会提到道路上存在的障碍。也许，这其中还夹杂着遗憾、愤怒或者对人的谴责，甚至为自己没有能力跨越这些障碍而感到绝望。或者说，我们可以对自己进行严格的控制，从而不让自己的心灵产生任何波动。因为不和谐的思想没有在我们的心灵世界出没，所以我们能够更加轻松地跨越这些障碍。我们可以通过养成的习惯对心灵进行训练，这样我们就不会对任何事情产生不和谐的思想。这就好比发生在上千年前的事情，根本不会让我们产生任何不和谐的思想。

只有当我们在面对外界所有事情的时候，都能够保持内心的平静，才被视为对心灵训练有了完整的控制。在此基础之上，我们就能够更好地摆脱所有不和谐的思想与情感，获得真正的自由。

第二十二章 习 惯

长久以来，道德家都有这样一个倾向，那就是贬低习惯的作用，这也许是因为他们的注意力都集中在那些不良的习惯上，而忽视了那些良好习惯给人们带来的作用，或者说，他们对摧毁一些不良的习惯更感兴趣，而对于培养一些良好的习惯似乎不那么上心。这些道德家对那些不良习惯所持的观点之所以会占据主流，部分原因可能是不良的习惯会占据人类的心智，从而让我们无法将美好的一面呈现出来。但是，我们真正该做的并不单纯是摧毁这些不良的习惯，其实更应该为自己培养一些良好的习惯。当然，这样的观点可能是那些道德家在过去长期的历史中演绎出来的，因为这些人都具有一定的威望，所以他们所持的观点也会得到世人的广泛认同，即认为当一个人产生要去做邪恶事情的倾向时，他可能逐渐走上堕落的道路。几个世纪前，奥维德曾这样写道：

> 不良的习惯在看不见的维度上聚集起来
>
> 正如小溪变成河流，而河流则向着大海流动。

奥维德的这句话之所以会对人产生比较消极的作用，就因为他所说这些话本身具有消极属性，让人的心灵产生了消极的思想，从而阻止人们成功地消除那种不断增强的邪恶行为。但是，我们完全可以对此采用一种更为客观的态度，从而让我们在受到鼓舞与支持的状态下，养成更好的习惯，摧毁那些不良的习惯。

习惯是心智产生的一种去做某些事情的自然倾向，当我们不断地重复某些事情的时候，做这些事情就会变成我们自身的一种自然而然的行为。通常来说，要想习惯一种全新的行为，都是一个比较缓慢且困难的过程，但不断重复去做，则会让我们对此变得更加熟练，最后可以在丝毫没有察觉，或者完全按照自身意愿的情况下做出这样的行为。这就是人们绝大多数行为的源泉。一些人说人的所有行为都是一种反射行为或者自动行为，与我们的心灵活动存在着独立的关系。按照这样的说法，任何不断重复的行为最终都有可能变成条件反射行为或者自动的行为。在我们打开门的这个过程里，人们不仅能够控制有意识的思考，而且能够通过对习惯的创造与控制，去创造与控制那些自己没有意识到的思想。

钢琴演奏家的行为就是阐述习惯对我们产生影响的绝佳例子。当一位演奏家在演奏过程中，突然遭受癫痫病的困扰，他依然能够圆满地完成演奏。这是因为他之前经过长时间持续的练习，已经养成了这样的习惯。当然，对演奏家来说，养成这样的习惯是需要耗费很多时间的，但从最后的结果来看，对不和谐思想的控制要比演奏家的音乐成就更有价值，不论他的音乐成就多么让他本人感到高兴。

习惯能够以一种绝对公允的方式运行。良好的习惯能够给我们带来极高的工作效率，而不良的习惯同样能够极大地降低我们的工作效率。正确的思想与错误的思想都能以同等的方式产生各种不同的影响。一种良好的行为习惯所产生的力量与一种错误的行为习惯所产生的抵消作用，其实是相当的。我们可以轻易地控制一开始在脑海里出现的想法，可以采用不断强调或者重复的方法控制它，也可以直接将这样的想法排除在心灵世界之外。如果一个人坚持不懈地去做某些事情，他就会产生持续这样做的倾向，不管这样的情绪是天生就存在的，还是后天学习所得，都会逐渐变成一种根深蒂固的行为，它要么被人为地进行改变，要么被我们摧毁。当我们养成了始终将不和谐思想排除在心灵世界之外的行为习惯，这样的习惯就会在我们的心灵世界里牢牢扎根。之后当我们再次面临相同的情况，就可以轻而易举地将那些消极思想全部赶走。所以说，无论是良好的习惯还是不良的习惯，其实都是我们不断重复某些活动之后所带来的结果。

如果某人不允许那些不和谐思想持续地在心灵世界里活动，就应该在每次意识到这些思想存在的时候，将它们赶出心灵的世界。我们就能够养成这样一种习惯，那就是无论什么时候，只要不和谐的思想出现在心灵世界里，心智都能够自动地远离这些思想，同时不需要为此耗费任何的意识能量。正如杰出的音乐家能够非常自然地将手指按在琴键上，而丝毫没有意识到这样做需要耗费他多少能量。这是因为心智已经养成这样去做的习惯，所以他才能够以看似不费力气的行为去这样做。对那些之前从未接受过这方面训练的人来说，要想找准一个琴键，是一件非常困难的事情。因此，当这样的习惯形成，就可以在不和谐思想出现之后，让心智自动将这些思想赶出心灵的世界。想养成任何习惯，心智的活动只需沿着正确的方向持续地重复这样的行为。在这个过程中，更为重要的一点，就是要将所有不和谐的思想全部消除掉。每当这样的思想冒出头来，就要迅速地将其消灭。人们应该明白这样一个事实，并从这样的事实中受到鼓舞，好好地利用养成习惯的规律，从而让习惯更好地为自己服务。

我们绝大多数的良好行为都是习惯性的，这也是每个人都应该做到的。詹姆斯教授这样说："事实上，我们的美德与恶习都代表着一种习惯。"我们应该养成良好、有用且具有美德的行为，而要想做到这一点，就需要我们努力养成正确的思考习惯。

奥维德所写的两句话颠倒顺序去看，依然是真实的。当我们审视顺序颠倒后的句子，就会发现它所传递的意义要比原先句子更加精确，让人们获得更多的鼓舞，从而让每个人都能为自己创造一种更加良好的心灵状态。

这两句话就是：

　　不良的习惯在看不见的维度上聚集起来

　　正如小溪变成河流，而河流则向着大海流动。

第二十三章　思考与健康之间的关系

　　思考与人的每一个身体动作（不管是最明显的动作还是最不明显的动作），都属于因果的关系，因此相同的关系同样适用于思考与健康及疾病之间的关系。和谐的思想就是原因，健康就是最终的结果。不和谐的思想也是原因，而疾病也是最终的结果。每个人都会按照自身的意愿去建构自己的世界，每个人都可以按照自身的意志去建构这样的社会。

　　如果霍尔校长关于此方面的论述能被世人接受，即任何思想的变化都会引发肌肉的变化，那么上面这段话也应该为世人所接受。詹姆斯教授对此的看法则更为明晰，他说，心灵状态始终都会引发呼吸、一般的肌肉收缩、血液流通、腺体以及其他内脏等方面的活动。他的这个观点与盖茨教授的观点直接呼应。盖茨教授认为，愤怒、嫉妒、仇恨或者其他恶意的思想都会引发身体分泌出各种有毒的化学物质，其中就包括类似于毒药的东西。血液的循环以及其他的身体功能都会为激情或者其他情感所影响。笑声与眼泪都是涉及肌肉变化以及腺体分泌的身体活动，而造成这些活动的根本原因就是心灵活动。同样的道理也适用于所有的身体活动。

但是，有人会提出反对意见。比方说，我在晚上睡觉的时候并没有想着头痛这回事，但第二天醒来的时候却发现自己头很痛。没错，这是一个很好的例子。当小偷产生想要获得邻居财产的想法时，他根本没有产生要去偷窃这些财产的想法。当母亲为自己夭折的孩子感到无比伤心的时候，她也没有想到过要哭泣。甚至当一个人在身体因为笑声而突然抽搐的时候，他其实也没想到过要发出笑声。要是我们的心智世界从来都没有产生一种可笑的想法，那么我们是不会发出笑声的。要是这位母亲的心智世界从来都没有悲伤的思想，那么她也是绝对不会流出泪水的。要是我们之前没有觊觎他人财产的想法，那么我们也根本不会产生偷窃的念头。要是我们的心灵世界里没有产生不和谐的想法，我们也根本不会感到头痛。

盖茨教授的实验展现了思考对健康所产生的直接影响。他发现一点，那就是愤怒能够让人在呼吸的时候产生一种棕色的物质。在接下来的实验里，他搜集了许多这样的物质。之后，他将这些物质当成试验品进行实验。在每一个实验里，他都发现，这种物质能让动物产生一种兴奋或者刺激的感觉。在他对置于另一种思想状态下的人进行试验的时候，他从试验者的呼吸中获得了另一种物质，当他将这种物质注射到白鼠身上，小白鼠在几分钟之内就死了。詹姆斯教授曾说，仇恨必然会消耗我们自身最为重要的能量，因为仇恨的思想会让我们的身体产生多种有毒的化学物质。最后，他这样总结说："对一个正常人来说，一个小时的极端仇恨情感产生的有毒物质，甚至足以造成80个人的死亡，因为产生的这种有毒物质，是科学界有史以来认为毒性最强的物质。"

盖茨教授还让两位年轻的女士参与了这样的实验。首先，盖茨教授采用了多种方式去确认这两位女士都处在一种正常的状态中。其中一位女士被要求写下她生活中各种美好、愉悦与开心经历的清单，而另一位女士则写出与此相反经历的清单。盖茨教授让她们在长达一个月的时间里坚持这样做，然后用一开始测试她们心理状态的方法去对她们进行检验。检验结果发现，第一位女士在这个月的时间里收获良多，而另一位女士则失去了许多。

所有的身体活动或者状态，不管是有意为之还是无意为之，都是自身思考的结果。因为疾病就是身体活动与状况的一种体现，所以这样的法则几乎适用于所有的疾病。在听到坏消息时所感到的悲伤、遗憾、不安或者恐惧，通常都会造成肠胃神经的紊乱，从而对身体产生一连串的消极影响。而这些消极思想存在的强烈程度也会给身体的器官造成损伤，甚至让消化的过程出现中断。我们会这样说："这简直就像一拳打在我的肠胃上。"这样的表述是比较形象的，也是非常准确的。几乎每个人都有类似的经历。如果我们能够对自己进行一番深入的审视，就会发现"这样的情况"其实就代表着一种思想或者一种思想集合。胃部之所以出现那种不良的反应，就是这样的思想所导致的。而我们的身心状况之所以会表现出不同的情况，其实就是因为我们的思想出现了变化。当我们的肠胃功能出现紊乱的时候，可能影响到我们的头部，让我们出现晕眩或者头疼的情况。甚至还会影响到视觉神经，让我们的视线变得模糊，或者以一种消极的方式影响我们的身体功能，造成身体的虚弱与疼痛。这样的过程可能持续一段时间，时间的长短则取决于我们让这些不和谐思想存在的时间以及强烈的程度。

正如某些人所说的那样，谁都没有必要故意思考某一种疾病，只是为了患上这样的疾病。事实恰恰与此相反。疾病很少是因为我们对某一种身体不适所进行的思想而产生的，虽然有时可能是因为这样的思想造成的。但某种类型的不和谐思想却会激活这样的特定思想。有时，这样的思想存在的链条是非常长的，会给我们的生理或者心灵活动造成严重的影响。

就其属性来说，造成某些疾病的直接原因虽然可能完全是生理层面的，但这样的疾病之所以产生，必然有其原因。如果我们能够进行深入搜寻的话，最终必然会发现这源于自身的某种心灵活动或者状态。要是我们穿着不合脚的小号鞋子，一旦习惯，就可能会让我们的双脚出现变形。同样的道理，如果我们长时间被一些不良的思想影响，我们的身体依然会出现同样的扭曲，感到痛苦。可见，心灵的改变将会改变我们对事物的整体看法。我们选择了不合适的鞋子，可能是因为自身的不留意或者根本就没有对此上心。有人会说，造成这种痛苦的原因完全是身体层面上的，但关于鞋子型号与外形的思想却影响着我们在选择鞋子时做出的决定。正是因为我们有了这样的思想，才有了之后做出的行为及其后果。因此，造成痛苦的根源就是我们自身的思想，虽然这看似与我们的健康有着遥远的距离。有时，成年人或者老年人所患的疾病完全可以追溯到他们小时候或者年轻时的一些遭遇，只不过因为时间过长而被当事人遗忘了。

历史上有很多心理状况直接造成疾病的例子，很多这样的例子都被记录在医学档案中了。约翰·亨特，一位英国内科医生，患上了心脏病，他将自己的疾病归结为在解剖狂犬病病人的尸体时，他的内心始终感到无比恐惧。据说，亨特医生后来之所以死去，就是因为他的愤怒。

虽然在一些情况下，肯定会有一些已知的状况和与已知思考相关的情况出现，这说明了某一种疾病的出现就是自身某些思想的产物，但并不能说明这些疾病的出现就是因为某种特定的思想，也不能说明这样的思想总是能够产生特定的疾病。我们还不知道那些自身无法察觉或者潜意识的思想可能对疾病产生的影响，也就是说，我们还不知道一些疾病出现的具体原因，或者说对一些疾病的原因了解得很少。当然，我们的知识依然无法保证我们能够就某种特殊疾病得出特定的结论，并且证明它是正确的。

毋庸置疑，一些头痛症状就是愤怒的情绪造成的，但这并不能说明我们每一次的头痛都是愤怒引起的，也不能说明愤怒是造成头痛的主要原因。还有其他多种心灵状态是造成头痛的可能原因，愤怒也可能造成身体出现其他情况。因此，想证明某一种疾病是由某一种特定的思想或者情绪造成的，几乎是不可能的。

正如有些人在愤怒的时候，脸色会变得苍白，而另一些人在愤怒时脸色则显得很红。这个例子足以说明这个事实。对前者来说，当他们感到愤怒的时候，血液就会从皮肤表面流走；而对后者来说，当他们感到愤怒的时候，血液就会从其他地方流到皮肤表面。对于不同的人来说，当他们面对同样一种情绪的时候，血液的流向可能是不一样的，这非常清楚地说明，将每一种类型的不和谐思想都归为某一种疾病的原因是根本站不住脚的。某些人可能为了预防一些疾病，将一些思想赶出心灵的世界，证明这样做对他是比较有用的。但这样的做法对其他人来说可能就是不正确的。产生不和谐思想的源泉就应该被全部清除掉，而消除任何错误的思想都应该会获得良好的结果，即便这样做并没有将某种疾病完全消除掉。

为了保持良好的健康状况而将错误或者不和谐的思想全部赶走，并不是我们所谈论的最高动机。道德层面上的考量才是这样做最为重要的理由。当然，要是为了健康的原因而这样做，也比延续之前那些错误的思想来得更好一些。将所有错误的思想全部摧毁，就能根除所有的疾病与错误的行动，这能够让整个人得到升华。

我们所谈论的原则也清楚地解释了一点，那就是为什么会出现故态复萌或者那些之前已经治好的病又复发的情况。如果治愈的方法需要被治愈者改变他们的心理习惯，彻底远离或者根除造成疾病的原因，这样的疾病就不会出现反复。如果我们没有改变原先的心理习惯，一开始产生这种疾病的思想过一段时间就会重新出现。这也解释了为什么耶稣基督告诉那些被他治愈的人，要勇敢地向前走，而不要沉湎于过去的罪孽；这也解释了耶稣基督告诉他的门徒不仅要治愈他人，而且还要对他们进行教导。思想的教导应该伴随着每一种情况的治愈，导致疾病的原因才能够在未来得到避免。当我们真正做到这一点之后，这样的疾病在未来就不会复发了。

但有人也谈论到一些因为过犹不及等行为所造成的疾病，难道这样的疾病也是因为思想所造成的吗？这个问题的回答是肯定的。人的思想本身会以直接或者间接的方式对这些疾病的产生造成影响。因为每一种过犹不及的行为都是有其原因的，在所有支配自身行为的背后，都是个人心灵的行为与状况。要是能够在一开始或者在过程中改变之前的思想，最终的结果可能会有所不同。震颤谵妄症①就是在人过量饮酒之后所产生的行为。人们会说，造成这种行为的根源就是酒精。没错，酒精的确是原因。但是，饮酒这种行为本身是人们思考之后的结果。如果当事人根本没有想过要去喝酒，又何来的震颤谵妄症呢？

即便酗酒的行为习惯是一种遗传倾向的结果，这样的事实依然没有发生改变。在这样的情况下，人的一系列思想与环境之间的关系，只是将因果思维从造成疾病的原因中移除了而已。那些天生就有酗酒倾向的人之所以会这样，其实也是他的祖辈的思想以及行为造成的。如果他的祖辈之前从来没有喝过酒，他就绝对不会被遗传到这种喝酒的倾向。即便我们承认了这种遗传倾向，依然还是可以凭借对自身思想的严格控制去摧毁这样的倾向。在这种情况下，我们需要付出更大的努力才能做到。如果我们做出了足够的努力，持续不断地坚持下去，必然能够取得最终的胜利。

造成这些身体状况的最初原因，都可以从思想的存在或缺乏方面找到原因。一个人跌倒了，摔断了手臂，是因为他在走路的时候没有看路，而想着其他事情。那些劣质工程之所以很快就会倒塌，掩埋了住户，是因为建筑者在建造的时候想的只是如何赚更多的钱，而根本没有想到使用有缺陷或者廉价的材料可能带来的严重后果。一次火车

---

① 一种因饮酒过度而产生的疾病。——译者注

事故可能是因为某个扳道工的错误，这位扳道工可能觉得之前的火车已经过去了，接下来的火车应该没有那么快到。这样的例子实在太多了，耗费整个章节的篇幅都无法说完。当我们列举了所有的例子之后，会发现所有事故之所以出现，一开始看上去都是因为生理层面的原因，但我们最终会发现，心智及其行动几乎都是造成这些事故的终极原因。即便我们从更宽泛、更深层的原因去看，也会发现某些人摔断骨头或者手臂脱臼，可能都与人类从远古以来一直遗传下来的心理习惯相关。

由不道德的思想所产生的疾病分类是非常多的。每过一天，那些认真观察的人都会发现，之前一些看似不属于这个名单的思想，原来都可以归结为这样的思想。思想始终是任何不道德行为的发端，因此思想是所有因此而出现的疾病的终极原因。不道德的行为只是思想与疾病之间的一座桥梁。倘若一个人沉迷在不道德的思想里，必然会给他的身心带来一定的负面后果。这样的思想不仅会给人带来负面的结果，也会给身体系统带来严重的影响。但是，我们要明白，所有这一切都是自己造成的。

那些认识到思想会带来因果关系的人，有时会说所有的疾病都是因为罪孽而产生的。诚然，所有的疾病都是错误的行为造成的，但同样真实的是，并不是所有错误都算得上罪孽。错误是源于未知事实的真实情况，这算得上无知，但无知也算得上错误的一种。所以，我们很难将这样的错误归类为罪孽。因此，要是我们将那些身体存在缺陷的人称为有罪之人，将是非常残忍且有失公允的做法。这是一种谴责的行为，而我们应该避免所有自我谴责的行为，因为这属于不和谐的思想范畴。更糟糕的是，如果我们在面对这种情况的时候对自己进行谴责，则是完全错误的做法，也毫无必要。如果患病的好人只知道错误的思想与错误的行为一样是不好的，这会将所有不和谐的思想全部赶出心智，正如他努力避免让自己做出错误的行为，他可能会因为无知或者错误而患病，但这并不是因为他犯下了什么罪孽而造成的。个人的自我控制以及通过对思想的控制，可以帮助每一个有良知的人去控制自身的行为，但这样做的前提是他们有能力控制自身的思想。

这就解释了即便一些人平常的行为举止是无可指责的，但他们却深陷疾病困扰的原因。那些深陷疾病的好人在心灵的世界里始终有不和谐的思想，但却始终都将其隐藏起来。他们知道自己不应该伤害邻居，但是因为他们知道什么是正确的，所以认为自己有责任在内心谴责自己。这些人凭借着自身的意志力量管住了嘴巴、双手以及所有的外在举止，但却让造成他们疾病的不和谐思想大行其道，牢牢地控制住了他们。

不和谐的思想遭到压制的时候，就好比一把火被踩了几脚，却没有完全熄灭，依然残存着火星。他们内心的痛苦会随着自身的持续压制而变得更加强烈，这种痛苦不断折磨着他们的神经，从而阻碍了腺体与内脏器官的正常运转，摧毁了肌肉的能量，让他们的骨头缺乏力量，让身体产生许多有害的物质，从而给自己带来各种疾病，使身体变得羸弱。很多人有时感到头疼或是发烧，有时则浑身冰凉，有时因为消化不良不敢吃东西，有时则吃一些有毒的食物伤害了身体。

被压制的思想无时无刻不在想着通过各种形态的身体活动呈现出来，或者找到发泄的途径。因此，在我们压制这些思想的过程中，很有必要投入更大的努力进行压制，以保持对自身的控制。我们需要足够的身体能量来实现对肌肉的控制，从而更好地压制这些不和谐的心理活动，这就需要我们的意志能够释放出持续的能量，从而增加了身体的负担，对身体、心智与道德造成伤害。要是我们能够在这些不和谐的思想刚刚萌芽的时候，就将其清除出心灵的世界，就不需要耗费这么多的能量了。因此，虽然一个好人可能没有向世人展现出这一面，但他却可能因为自身怀有的不和谐思想而毁掉自己的健康与人生的幸福。

也许除此之外，那些压制自身思想的人在绝大多数方面，都保持着很高的道德标准与敏感的良知，他们其实也对心灵存在着这样的思想感到无比愤怒。这样的想法会让他们敏感的内心感到遗憾、自我谴责、悲伤或者悔恨。这样的情感本身同样是不和谐的，因此也是非常有害的，这会让他的心灵元素无法正常地运转下去。这样的思想可能会在长达数年的时间里，一直在心智的世界里沉睡，不为我们所知，最终在某个不幸的时刻爆发出来，这让他自己感到惊讶，也让身边的朋友们无比错愕。当重重的负担叠加起来，压在身心上的重量就可想而知了。没错，他看上去是一个好人，但却无法拥有健康的身体和旺盛的精力。事实上，这样的"好人"只是苟且地活着罢了，只有当他们将所有这些不和谐的思想全部排除出心灵的世界，才能够过上真正自由的生活。

第二十四章　原则的摘要重述

在人类所有的活动当中，有三种行为是按照固定的顺序出现的：第一，外界事件的发生；第二，紧随着外界事件出现的思想；第三，因为思想而引发的身体行动始终受制于思想的控制，所以必然会让这些行为具有思想本身的属性。可以说，这一顺序唯一的例外情况就是，那些行动本身是发源于心智本身的，而不是源于外界的任何刺激。

既然所有的身体行动都受制于我们的思想，那么行动本身就不是受制于引发我们思想的外界环境。既然我们所有身体行动的属性都是完全由思想本身决定的，就必然会与健康或者疾病存在同样的状况。这一结论是正确的，因为身体出现的所有状况都被视为纯粹的存在，而思想本身的属性也决定了行为本身的属性。

我们就以手指触摸的例子来阐述。手指触摸所产生的心理意识可以通过两种渠道来传送。一种渠道就是沿着手上的神经路径传送，接着沿着手臂与脖子，一直传送到大脑。另一种渠道就是通过光线颤动这种更为直接的方式传送到眼部的视觉神经，然后沿着视觉神经传送到大脑。后面这一条传送路径要比前面一条更短，身体对外部感知的方式几乎都是通过这样的途径进行的，因为这样的传送速度要比神经路径的传送速度快上许多。因此，我们在感受到手指触摸物体前所产生的意识以前，就已经看到了手指触摸的行为。

在我们对视觉感知或者神经感知这两种方式进行感知的时候，必然会发现其中存在着一种时间差，我们就是在这样的时间差内进行思考的，因为我们的思考活动本身就是即时发生的，在极短的时间内就能够完成。按照在此所设定的原则，这样的思想过程决定接下来触摸这一行为所具有的属性。事实也的确如此。那些曾在这样的环境下认真观察过心灵与身体行动的人，都可以体验到这样的感觉。如果对心智的控制是正确的且能够完全保持的话，我们在这之前就不会产生任何不和谐的思想，也不会感受到任何疼痛。人们已经重复过这样的行为了，所有能够控制自身思想的人都可以证实这一点。

类似的经历不仅会与触摸的行为发生联系，而且还会在手指碰到火或者其他物体的时候发生。生活中有许多这样的例子，即当沸腾的水倒在我们的手或者身体其他部位上时，我们依然没有感到疼痛或者出现其他症状。成功做到这一点的人不仅不会感受到疼痛，他们的皮肤上也不会出现水泡或者其他症状。可以说，这样的情况一般都是发生在视觉神经与神经路径之间传送的间歇，当然当事人要对此随时保持警惕，并且对自身的思想有着良好的控制力。

这些经历都具有最为简单的品格，因为这些行为本身是比较简单的，所以最后想要获得比较好的结果也是很容易的。但是这样的行为也展现了一般性论述的精确性。因为他们所置身的简单环境与身体行动所处的状态，其实有时候并不等同。我们完全有可能控制简单行动的属性，正如在所有的行动里，我们都能够成功地加以控制，更好地处理复杂且困难的事情。

事实上，在这种间歇控制的过程中，和谐的思想能够给身体行动烙上自身的属性，这就是原则本身在生理与现实中的展现。因为如果我们的思想本身是不和谐的，我们接下来一般都会感到痛楚。

我们非常有必要将各种类型的不和谐思想全部赶出心灵的世界，其中一个重要原因就是，单纯远离那些因为眼前发生的事情而产生的不和谐思想是不够的。无论何时何地，我们都应该将不和谐的思想赶出心灵的世界，从而让自己能够获得圆满的成功。那些接受过这方面充分训练的人会对自己无法就此进行解释感到惊讶，直到他们想到不和谐思想是与一个完全不同的主题存在联系的，因为这些不和谐思想当时就存在于他的心智世界里。

这个原则蕴含着我们追求绝对健康的可能性。要想获得绝对的健康，我们只需追寻这样的法则。当制造疾病的所有不和谐思想全部消失之后，疾病本身就会消失，接下来我们就能够拥有绝对的健康。

这一论述与数百年间流传下来的思想倾向是相悖的，因为很多人没有经过任何思考就将这样的思想抛弃了。再次提到一点，那就是对一些人来说，这样的情况似乎不能再简单了，但是他们却依然不能看到这么重要的结果，其实背后的原因是很简单的道理。除此之外，坚持不懈地进行努力也是我们取得成功的重要一步，但是真正能够坚持下来的人实在是太少了。将所有的不和谐思想排除在心灵世界之外，是非常有必要的，但很多人都会认为一些小事根本不足挂齿，所以没有给予足够的关注，根本不想着将这些小事做好。因为之前缺乏足够的训练，所以他们可能稀里糊涂就能够控制一些小事情，但当他们遭遇到更大的困难时，就会感到无比沮丧。即便如此，要想获得绝对的健康，人们还是非常有必要将所有不和谐的思想都赶出心智世界的。

美国人时刻感到的这种轻率的不安以及他们自身行为的强度，无时不在促使他们"去做一些事情"。这就是美国人喜欢吃那么多药的一个重要原因，他们甚至强迫医生给自己开药，即便医生说他们的身体状况根本不需要吃药，他们依然如此。但这是属于具有另外一种属性的方法了。这并不要求我们去做某些事情，而是需要我们停止去做某些事情——我们并不需要去做一些行动，而是需要休息。这并不是要让我们不去做事情，而是要放下始终做事情的冲动。

中国古代的思想家老子就曾对他那个时代的人说出这样一个真理，虽然他的这句话是以负面形式展现出来的。老子说："无为而无不为。"当正确的思想没有受到错误思想的影响，正确的行为就能够自然而然地呈现出来。如果一个人不去想那些邪恶的事情，他就不会去做那些邪恶的行为。最终，正确的思想会占据主导地位，因为除了正确的事情之外，他不会去做任何其他事情。那些从来都没有想过要去偷窃的人，是绝对不会去做偷窃这种行为的。古希伯来的先知就曾在以色列人处于危急关头时说出这样一句充满智慧的话："坚守原则，观察上帝的救赎。"这句话的意思是，以色列人不能完全靠自己的力量将事情做好，而应该将自己的本分做好，然后等待上帝的眷顾。上帝的行事始终是朝着正确路径前进的。自然界的万物都在始终朝着不断净化的方向发展。死水绝对会变得不洁净，不断流动的水会变得干净，即便不断有杂质加入其中。即便芝加哥的地下排水通道充斥着整座城市的污水，但在流动几英里的距离之后，都能够变得干净起来，甚至连化学家都检测不出水里面有什么杂质。

同样的道理也适用于人的身体。当身体内的某一个细胞没有得到当事人的任何关注或者运用，那个细胞就会立即变得毫无用处，甚至会产生毒害，到那个时候，我们就要想办法将这样的细胞从体内清除出去。关于这一点，我们可以从盖茨教授的实验中获得一些了解。愤怒的情绪会在极短的时间内让身体产生有害的物质，然后通过呼出的气体排出体外。这只是众多例子中比较简单的一个。生理学家告诉我们，一些有害的物质会在我们吞食不到一分钟的时间里，就通过排汗系统排出体外。人的身体就是有这样一种强烈的倾向，能够将不适应身体的物质排出体外。这就好比我们将剑放在剑鞘里，从而避免锋利的剑对我们的身体造成影响，而在需要的时候，我们又能够很快地加以使用。

就连古代圣歌诗篇的作者都认识到，父辈的一些不正当行为只能传到第三代或第四代人。可见，任何生命的自然倾向都是朝着更为净化的方向前进的。自然界的一切事物几乎都存在这样的普遍倾向，这就让我们认识到实现绝对的净化是可以的。只要我们始终遵循这种基本的心灵法则，就能够很好地实现这一目标。无论是心灵还是物质层面上的创造，都是为了实现这一目标。如果人们能够将那些不和谐的思想排除在心灵的世界之外，他们就不会让自己产生任何的杂质，人就会像一条小溪，迅速变得清澈干净。

为什么人不能停止在自己的心灵中播种疾病或者死亡种子的行为

呢？为什么不能让和谐的思想像纯净的溪水那样流经我们的人生，让我们获得净化、健康与生命呢？即便父辈的一些缺陷可能会在接下来三四代人中出现，但这样的缺陷却会在未来的日子消失，正如污垢会随着流水被冲走，除非其他不纯洁的杂质不断注入这条纯洁生命的小溪里。痛苦并不是与人生相随相伴的。我们根本就不是一定要感受这样的痛苦。人类活在这个世界上，并不是要忍受痛苦的。归根到底，人类最终能够凭借自身意志，将所有不和谐的思想全部赶出心灵的世界，将造成所有痛苦感受的重要原因消除掉。

这些原则里潜藏着一个重要的人生视野，这样的视野能够让大洪水的古老故事变得不大可能出现，从而让人生变得灿烂。如果人类能够按照自然的法则做事，不再让不和谐的思想毒害自己的心灵，他还有什么事情做不到呢？除此之外，人类在遵循其他原则的时候，也是能够漠视死亡的存在的，去实现曾经提到的梦想，最后能够战胜我们的敌人就只有死亡本身了。显然，上帝在创造人类的时候，并不是想着让人类遭受疾病侵害的，也没有想让人类始终惦记着自己必然死亡的事实。保罗和其他先知们说得对："死神会在人类的胜利中被吞噬。"

第二十五章　焦虑的习惯

那些想将不和谐思想全部赶出心灵世界的人，必须要将心智内所有关于未来的不安与焦虑情感全部消除掉，让过去的事情将过去埋葬掉。因为对未来的不安其实就是焦虑的另一个名目而已。为过去所做的事情感到悔恨其实就是不安与焦虑的双胞胎姐妹，这两者对所有和谐的思想来说都是有害的。

就焦虑一词的本义来看，我们可以看到它会对人的心灵状态产生怎样的暗示或者影响。在古代盎格鲁-撒克逊人那里，也许这个词语是用来表达伤害的意思，或者用来指代狼群，而在爱尔兰人眼中，这个词语则用来指代那些被诅咒的人。在我们这个时代，这个词语的意思就是扼住咽喉、窒息，或者狗在掐架的时候咬牙切齿，等等。

焦虑这个词语的隐喻可以说明一点，那就是一种心灵状态能够通过生理表现完全传达出来。在焦虑的中等阶段，其表现为内心的不安、烦躁，有做出不良行为的倾向。而到了更激烈的阶段，我们就会发现人感到呼吸困难，正如一只狗或者一只狼那样咬住对方的咽喉，想要置对方于死地。如果我们在意识里将焦虑视为一个人的话，这个人是非常恐怖的，而我们应该像见到鬼一样迅速逃跑。

一个女人曾这样评价自己："将一半的时间用于做事情，将另外一半时间用于担心自己所做的事情可能带来的后果。"其实，现实生活中有很多这样的人，这些人往往都会给他们的家庭带来极大的烦恼。焦虑、遗憾、为过去无法挽回的事情流泪，这毫无意义。在焦虑的情绪中消耗时间，这样的行为要比纯粹将时间浪费掉更加糟糕，因为没有比自我的心灵折磨更消耗个人精神能量的了。这会让我们无法安然入睡，让我们的性情变得乖戾，扭曲我们的判断力，让我们的心智变得软弱与摇摆不定。

事实上，每一种形式的不安或者焦虑都会给我们带来类似的结果。那就是浪费我们自身的能量，完全摧毁我们内心平和的心智。可以说，焦虑的情绪是影响每个家庭最重要的因素之一。一个养成了焦虑习惯的人必然会影响与他交往的所有人的情绪，因为心灵内不和谐的情感是很容易传染的，其他人或多或少都会受到这种不和谐的怜悯情感或者自我谴责情感的侵害。

因此，焦虑这颗"种子"会不断散布开来。谴责别人或者为他人的遭遇感到不幸，只会让我们陷入另外一种错误当中，似乎我们真的犯了这样的错误。这种具有传染性的思想必须被我们扼杀在萌芽阶段。当他人的心智处于一种不平静状态的时候，他们也绝对不应该为心灵存在的那些不和谐思想找任何的借口，或者向这些不良思想所带来的影响屈服。正如编织机的飞梭能够不断穿梭，思想也能够从一个人身上转移到另一个人身上。至于最后是编织出色彩艳丽还是色彩暗淡的衣料，就取决于我们在编织过程中所保持的心灵状态。

对未来的焦虑与不安都是因为我们一开始就对未来感到不确定或者疑惑，这最终会演变成一种邪恶的期望，让我们觉得似乎很多永远不可能发生的事情都有可能发生在我们身上。此时，我们应该察觉到这样的苗头，然后尽最大的努力将它扼杀在萌芽阶段。举个例子：一个朋友身在旅途，一个不经意的念头潜入了他的心灵，让他对自己是否能够最终到达目的地以及安全返回产生了疑问。其实，当他产生了这样一种思想的时候，就已经偏离了原先正确的轨道。这种不和谐的思想，不管一开始显得多么渺小，都应该被我们立即从心灵的世界里毫无保留地赶走，正如我们必须要将手中的石头抛掉一样。我们最好在一开始就这样做，而不应该任其泛滥，最后才想着要铲除这些思想，因为到了那个时候，将那些不和谐的思想赶出心智会是一件非常困难的事情。一开始就可以趁这些思想还处在萌芽阶段就一劳永逸地将其铲除。如果我们不这样做，疑惑的思想就会不断地蔓延与膨胀，不和谐的思想也会得到相同程度的增长，最终我们感到的不适程度也会与之相对应。

也许，我们的心智会突然明白一点，那就是这样的事情有时的确会出现。这样的思想肯定会加深我们内心的不安，直到我们最后想象一些可怕的事情呈现在眼前，然后放任焦虑的情绪摧毁我们心灵的宁静，让我们的人生变得痛苦不堪。倘若我们对焦虑的人说，他们所看到的未来视野根本不是真实的，也无济于事。也许，他们同样意识到了这样一个事实，但他们却让过去的事情不断在脑海里重演，直到这些事情变得像真的一样。而他们在这个过程中所感受到的痛苦其实与任何伤害都是一样的。

焦虑之所以是一种恶习，是因为它的确会给我们带来恶劣的影响。一旦焦虑的习惯在我们的心底扎根，其产生的破坏力将超出我们的想象。到了那个时候，我们要想将其铲除，就会耗费巨大的身心能量。此时要想通过自我说服或者心理暗示等方法改掉焦虑的习惯，往往会显得力量过于单薄。当我们对那些焦虑的人说，在一百万个旅行者当中，可能只有一位旅行者会在途中受到伤害，这样的说法是完全不够的。当我们说他们内心的恐惧感根本就是毫无根据的，完全是他们自己的想象，只是他们自讨苦吃而已，这样的说法也是毫无用处的。对于那些已经习惯了焦虑的人来说，别人的这番言论可能只会让他们感到愤怒，而这反过来又会让他们内心不和谐的思想不断增长。最后，他们就会找出借口，说自己根本控制不住焦虑的思想。

　　只有焦虑的人才能够拯救他自己。只有当他通过自己的行为去解决焦虑的问题，才能够摆脱焦虑的情绪给他的人生带来的痛苦，以及防止自己给他人带来痛苦，这样的事情是其他人不能帮忙的。对焦虑的人而言，其他人的任何行为只有与他们想要摆脱焦虑思想的努力结合起来，才能够对他们发挥一些作用。因为制造出这种不和谐思想的根源就是他们自身的思想，而在他们的思想之外，是根本不存在这样的焦虑情绪的。所以归根结底，只有彻底改变他们的思想，才有可能彻底摧毁焦虑。

　　当然，这一切都不是一蹴而就的，也许需要很长一段时间，才能够彻底完成。当不确定的思想首先进入他的心智时，他就应该让自己的思想朝着健康且和谐的方向前进，而不要让不和谐的思想进入心灵，从而摆脱不确定与疑惑的思想所产生的沉重心理负担。

他可能从来都没有意识到焦虑的思想到底是怎样潜入心灵的，也许一开他认为这样的思想是非常琐碎的，根本不值得关注，所以就没有努力摆脱它们。正是这样的麻痹大意，酿成了之后的苦酒。所以，我们应该在这些思想刚刚冒出苗头的时候，就努力铲除它们。只有当我们这样做了，不确定或者疑惑的思想才无法在我们的心灵里产生焦虑的思想。我们对未来可能会发生的事情感到焦虑，或者为过去无法挽回的事情感到悔恨，这其实都已经不重要了。重要的是，我们从一开始就确保自己始终走在正确的道路上，始终保持内心的平静。

当焦虑的人认为无法摆脱这种焦虑的思想时，他们就会放弃进一步的努力，焦虑的习惯就会逐渐变得根深蒂固，让他们完全停止摆脱的努力，最终成为焦虑思想的受害者，这就好比那些习惯了吗啡或者酒精的人，最后发现自己根本无法摆脱这样的习惯。自我怜悯的感觉之所以会在他们的心灵中产生，就是因为他们的"怜悯本性"让他们感受到的痛苦比别人更强烈，而这一切只会随着习惯的不断加深变得更加强烈。心智的不和谐思想会在我们体内不断产生一些有害物质，一旦其总量超出了身体自净能力的范畴，我们就对这些有害物质无能为力了，最终就会演变出某种疾病。当此人最终离开人世，没有人会将这种行为称为自杀，但这样的人其实就属于自杀，他们被自己的焦虑思想杀死了。

焦虑要比艰苦的工作杀死的人更多。布克·华盛顿用下面一句话非常清楚地说明了焦虑所带来的后果。他说："我认为，随着岁月的流逝，任何形式的焦虑情绪都会消耗我们的精力，却没有产生任何结果，而身心的这些能量原本是可以用于更加高效的工作的。"当我们怀着平静且和谐的心态去进行艰苦的工作时，这样的工作是永远都不会杀死一个人的。当我们内心感到平和、希望与欢愉，是有助于我们的身心系统、延长我们的寿命的，而不像焦虑那样只会扼杀我们的生命。焦虑始终在毫无缘由地消耗我们的能量，如果我们不阻止这样的情况，就是走在一条慢性自杀的道路上，这不仅让我们失去了人生的欢乐，更会失去身边许多亲密的朋友。焦虑之人都非常清楚焦虑给他们内心带来多么痛苦的感觉，但在很多情况下，他们却依然无法阻止这样的焦虑思想影响自己的心态，没有能力做出必要的努力去摆脱这样的思想。

无论是什么事情或者状况让焦虑的思想演变成为行动的，这两者都像是两块看似相同但实质上不同的鹅卵石。对人来说，发生的事情无论怎么说都是属于外在的，而思想与思考本身则完全是属于个人内在的东西。思考者可能没有能力对自己加以控制，但他也不需要让自己过分关心这些事情。如果他想要肯定自己，他应该有足够的能力控制自己的思想，防止那些焦虑的情感进入自己的心灵。我们越早认识到这样的事实，越能充分地理解外界发生的事情其实并不足以影响我们的内心，只有我们内心的想法才是真正能够影响我们的东西。当我们彻底改变了自己的心态，就会发现原来做出改变不是一件那么困难的事情。每个人都应该对自身的思想保持绝对的控制力，因此，他必须要让自己保持美好的思想，不让发生的事情影响到原先的思想。他完全有能力将不和谐的思想赶出心灵，就像他将那些想要潜入他家的强盗或者狗赶出家门一样。

如果我们用全面的眼光认真仔细地审视一下引起不和谐思想的环

境，将自己严格限制在这样的审视过程中，同时将所有不和谐的思想排除在心智之外，我们就会发现造成不和谐思想的原因，从而帮助自己在日后避免遭遇类似的情况。这样一个过程能够唤醒我们的心灵行动，有助于我们更好地面对外部的环境，这对于我们整个身体系统来说都是一件好事。因为这样做能够催生富有生命力的物质，而将那些有毒物质全部排出身体之外，这将带给我们足够的力量，更好地承担自己要面对的每一个责任。一旦我们沿着正确的道路出发，我们在人生旅途中就可以认识到无限的潜能，从而更好地发挥自身的能量。

在这个摆脱焦虑思想的过程中，不需要我们改变原先的方法，除非我们所面临的环境发生了变化，或者思想以及其时间限度发生了变化，我们需要据此进行调整。在所有的心灵状态下，虽然焦虑之人可能会获得他人的帮助，但是真正的努力必须要源于他们自身。这样的心灵自律不可能很快就达成，也不是在一些无足轻重的情况下就可以进行锻炼的。一旦我们发现自己的疾病处于一种萌芽状态，我们就应该毫不犹豫地运用自身的决心与精力进行治疗。同样，当疾病已经发展到某种严重的状态时，我们也要用这些方法进行治疗。这个时候，每个人都必须成为自己的医生，将所有不和谐的思想全部斩断，不能再有丝毫的犹豫，然后不断地重复这样的过程，直到成为自己的主人。在这个过程中，我们绝对不能让那些软弱、自我沉湎的想法控制自己，认为自己无法彻底消灭焦虑的思想。相反，我们应该像赶走那些不受欢迎的人一样，将不和谐的思想从心灵的"家"中赶走。我们应该在这个家门口挂上一块显眼的牌子，上面写着："游手好闲者、乞丐、小偷不准入内。"除此之外，我们还必须要为赶走这些不受欢迎的人做好充分的准备。

这一开始可能会让我们无比挣扎，也许需要我们勇敢地直面挫折，也许这是一场"七年之战"——让美国人最终摆脱了英国的殖民统治，成为一个自由独立的国家。但这样的努力是值得的，不论这个过程需要付出怎样的代价。对那些将焦虑思想排除在心智之外并且摧毁这样的心理习惯的人，这样的改变对个人的重要性可能要胜过这场战争对国家的重要性。这意味着自由、舒适、幸福、健康与长寿。

这样的训练会让我们增强抵御焦虑思想的能力。当焦虑思想在下一次想要袭击心灵的时候，我们就会产生这样的心灵状态，那就是所有不和谐的思想都不准进入心灵，这就好比所有焦虑思想都必须要被扼杀在萌芽阶段。当这样的知识与训练方法为世人所感知的时候，他们就会将这个"令人忧郁的魔鬼"赶走，不让其折磨我们的想象力，不让其折磨我们的心灵，这将让世界少建许多家精神病院。

第二十六章　商业成功

　　将不和谐的思想赶出心灵，这对于我们取得商业成功具有非常重要的现实意义。那些让自己受制于失望、遗憾、悲伤、不安、焦虑或者自我谴责的人，都是不可能在商业领域取得任何成就的。因为这样的人总是在有意无意间，让自己处于一种能够摧毁他们得到正确结论的心灵状态，让他们始终无法高效地做好手头的工作。因此，这样的人其实是被自己的心灵状态所控制，无法做一些对自身取得成功有益的事情。可以说，这样的人将绝大部分的能量都用于伤害自身的行为上。所有不和谐的思想都应该立即被我们赶出心灵的世界，而我们原本用于那些具有摧毁性思想的能量也应该用于富有创造性的工作。每个人都应该认真审视一下自身的心灵状态，充分将心灵的能量调动起来，去实现我们的成功计划，同时在这个过程中，不让任何可能出现的失败损耗我们的能量。每个人都可以通过之前的训练，将所有这些不和谐的思想赶出心灵的世界。那些之前从未进行过这种训练的人应该立即开始这样的训练。这一切都取决于我们自己的努力，而且这样做永远都不会太迟。

这就是一个二三十岁的人与一个五十岁的人的区别。如果想要让一个五十岁的人改变之前的心灵状况，几乎是不大可能的事情。而年轻人则对未来充满了希望与自信，但是他们却没有足够的人生经验，对前路遇到的障碍还相对无知。所以，当他们遇到一些困难的时候，就会无所畏惧地迎接，勇敢地克服。年纪大一些的人则因为已经体验过了所有这些困难，所以能够预见未来还会遇到怎样的障碍。但是，这些人有时会被这些困难的程度吓到，导致他们停滞不前，不敢继续迈出前进的脚步。可以说，这些人就是被内心的那些不和谐的心灵预期吓到了，从而不敢采取任何行动。除此之外，老年人相比于年轻人来说，他们的一个优势就是可以从丰富的人生经验中汲取更多的知识，人生的视野会更加宽阔。如果年轻人能够将自身无所畏惧的思想与老年人的睿智结合起来，他的前途几乎是不可限量的。如果老年人能够将心灵中的疑惑或者犹豫全部赶走，他也能够充分运用自身的能量与智慧去解决前路上可能出现的挫折。在思考如何克服未来障碍的时候，他可能会从过去失败的阴影中重新取得辉煌的成功。这个世界可能会嘲笑那些无知的年轻人所怀揣的自信，因为年轻人的心智没有那么多的顾虑，但这本身就是年轻人取得成功的一个重要原因。这个世界可能会为那些老年人的心灵出现退化而哭泣，因为老年人看到了许多挫折与失败，但这些挫折与失败让他们对未来充满了焦虑的情绪。年轻人能够通过自身和谐的思想克服那些无知的缺陷，这是可以通过对危险的恐惧来进行调整的。而老年人虽然具有比较高的智慧与能力，但是他们却被心灵内不和谐的思想影响了。

　　这就是为什么很多有机会的自大之人通常能够取得成功，而很多更有能力的人却会失败的一个重要原因。这些自大之人所具有的自信能够帮助他们产生一种强大的气场，从而让身边的人对他产生信心，相信他的计划，他因此能够得到人们更多的帮助，从而取得那些缺乏自信之人无法取得的成功。通常来说，人们之所以能够取得成功，是因为受到自信的推动。而对那些心灵中缺乏和谐思想的人来说，缺乏自信以及自我谴责，无疑会将他们推得离成功越来越远。很多能力更强的人之所以失败，就是因为他们做事比较犹豫，内心始终充满恐惧。这样的心态从一开始就决定了他们是不可能取得成功的。如果这两种类型的思想是造成成功与失败的主要原因，就是我们必须要注意的。这其中并不存在着什么巫术或者神秘的地方，而完全是由这两种不同思想所具有的属性造成的。那些放弃了对自身思想控制的人，必然会成为疑惑、恐惧、犹豫等心态的受害者，这样的人其实就是自己在寻找失败。可以说，最后的失败都是他们一手造成的。但是，对那些怀着勇敢之心，将这些不和谐思想全部赶出心灵的人来说，他们其实已经迈出了通向成功的重要一步。

那些让自己沉湎于不和谐思想当中的人其实始终都在做同一类型的事情，只不过他们是在以不同的方式去做罢了。比方说，他们会做一些浪费时间的事情，用酒精等麻醉物质麻痹自己的感官神经。很多人都是这样让自己堕落为一个废物的，让自己成为朋友甚至自己的负担，让自己的名字成为人类史上的污点。造成这一切的原因其实很简单，就是让那些不和谐的思想控制住自己的心灵世界。死亡与精神失常都能够找到原因，不管这些原因是直接的还是间接的，其根源都可以从当事人所沉湎的思想中找到。

那些想找工作的人却允许自己成为这些不和谐思想的受害者，让自己被打上失败者的烙印，让自己的行为被他人一眼就看出是失败的，难怪公司不会雇用这样的人。但是，如果他们能够将这些不和谐的思想全部赶走，如果他们的心灵充满希望，自信的感觉就会渐渐升起，他们就会相信自己是应该取得成功的，也必然能够取得成功。只有当他们拥有了这样的心态与姿态，他们才能够端正自己的态度，让自己得到彻底的改变。成功就会像他寻找成功一样去寻找他。

据说，一个男孩进入一家公司，对老板说那一块写着"招聘男孩"的标识语掉下来了。"嗯，"老板说，"那你为什么不将这块标识语重新挂起来呢？""因为你现在并不想要招聘其他的员工，我就是你想要的员工。"无论这个故事是真是假，这都说明了这个男孩的自信是源于将恐惧、疑惑的思想全部赶走。可见，自信就是取得成功最重要的因素。

单纯将不和谐的思想赶出心灵世界，还并不够，因为这样只能够帮助我们解决一时的需求。我们还应该持续保持积极的心态，不断接受心灵训练，从而养成这样的心灵习惯。任何人的心灵状况都不可能一下就改变，但是每个人却始终能够让自己的心智沿着正确的方向前进。只有当我们改变了自己的心灵状况，我们的身体语言才会同样做出反馈。除此之外，我们没有其他的方式解决这样的问题。

在任何人将正确且和谐的思想对取得商业成功非常有帮助的说法斥为胡说八道之前，让这样的人认真审视一下他们自身的心灵习惯，然后按照自己处在不同心灵状态下的情况做对比；让他认真观察一下工作效率最高的一天，看他是不是处在最佳的心灵状态下；一般来说，他都会发现，当自己的内心充满愉悦与快乐的感受时，他的工作效率更高，工作效果也会更好。而当他的内心处在焦虑与疑惑状态的时候，他的效率就会变得很低。难道当他反对这些说法的时候，就不希望自己每天都能拥有美好积极的心情吗？难道他不需要自己始终保持和谐的心态吗？如果每个人都对自己有所了解的话，就能够看到自身的心灵态度产生的结果，那么他将会意识到一点，那就是自己绝对不应该将更多的精力与能量消耗在那些不和谐的思想之上。

但是，如果在我们严格遵循心灵的控制状态之后，这些不和谐思想出现了呢？对失败者来说，这样的心灵控制又有什么好处呢？我要说，这就是失败者们能够获得的好处：他依然能够保持心灵的平静，依然保持正确的判断，依然怀抱勇气，相信最终能够取得胜利的信念没有动摇。他永远都不会让自己的神经或者身体出现崩溃的情况；相反，他始终都准备着踏上全新的征程，并从过去的错误中汲取更大的教益。

第二十七章　集中注意力

之前的章节有一点还没有非常清楚地显示，那就是始终保持集中的注意力对于我们取得成功是非常重要的。当然，这对于保持我们的身心健康也是极其重要的。一位智者曾说："专注于你的事情。"就是这个意思，虽然这样说显得有些高傲。但是，每个人都应该遵循这样的建议，那就是始终将个人的注意力集中在手头要做的事情上，只有这样才能够真正将事情做好。

如果一位会计让自己的心绪始终到处游荡，他在进行数字计算时，就非常容易出现失误，他计算的精确度就会大打折扣，从而给老板和企业造成损失。他必须要将工作之外的其他想法都排除出去，一心专注于眼前的工作。也就是说，在某个时段里，我们只能够专心去做一件事情。将工作之外的其他思想全部赶出心灵的能力，能够帮助我们将任何不和谐的思想赶出心灵的世界。因此，不断训练自己将不和谐的思想赶出心灵的做法，对于我们取得成功是非常有帮助的。这可以帮助我们很好地将与手头工作无关的事情放到一边。

当一位会计正在进行计算的时候，也许他的老板会来问他一个问题，从而影响了他原先的思路。但是他应该努力控制自己的思想，迅速将这样的打断所带来的不良影响排除掉，让自己专注于眼前的工作，不去想工作之外的事情。只有这样，他才能够更好地完成手中的工作。而当他完成了工作之后，就应该将之前的那种心态完全放下来，更好地去做其他的事情。因此，我们每做一件事情，其实都需要我们将与这件事情没有关系的思想排除在外。

要是我们将恼火、不耐烦、愤怒或者其他不和谐的思想排除在心灵世界之外，就始终能够做到如此。一位会计在工作的时候，他的时间就是属于他的老板的，他所做的工作也是老板需要他去做的。不管老板让他去做哪一项工作，他都应该努力做好。很多职员在面对这些情况的时候，都会习惯性地感到一种恼怒，认为老板的行为影响了原先的工作状态，降低了他的工作效率，摧毁了他的健康。这样的心态造成很多人出现了神经崩溃的情况，让他们觉得这是过度工作或者过度劳累所造成的。但事实并不是这样。他们之所以要面对这样的情形，就是因为他们在面对这个过程的时候，内心感到恼怒。其实，每一位员工在面对这些情况的时候，都是能够避免遇到这些事情的。即便他们的老板可能会前来打断，也不应该成为自己的借口。

很多人会说，无论从事什么工作，都应该将这项工作做好。这句话显然是没错的。但是，我们面临的关键问题就是，虽然我们没有忽视或者遗漏任何事情，但我们的心中始终都应该记住一点，那就是在某个时间段里只应该做好一件事，而不要想着去做其他的事情。我们可以通过对心灵进行不断的训练，来获得这样一种能力。这种心灵训练的方法也适用于所有工作者。

我们的注意力（注意力本身就是思考的一种表现方式）应该集中在手头正在做的事情上，而将其他与此无关的事情或者思想都排除在外。在此，我们要记住一点，即无论手头的工作是比较简单的还是复杂的，我们都应该一心一意地去做。如果我们面临着比较复杂的问题，那么就更应该持续地将注意力集中起来，将其他与此无关的思想都排除在外。当我们完成了一项工作之后，就应该立即将它放下。因为我们的心智需要将精力集中在接下来的事情上。所以说，每当我们按照计划工作的时候，在做每个工作时，都应该努力将其他的工作放在一边，先将手头的工作完成再说。如果除了工作之外的其他思想进入我们的心灵，我们在工作的时候就有可能走神，或者完全忽视了自己要去做的事情。我们的心智是不可能同时做两件事情的，因为倘若我们只是运用心智的某一部分能力的话，绝对不可能将事情做得很好。分散的注意力始终会造成我们工作效率低下，这一点是毋庸置疑的。无论是对心理或者生理层面的工作来说，这样一个原则都是适用的，因为心灵的活动是人类所有活动的基础，因此，这样的原则对这两者来说都是适用的。

无论是心灵层面还是身体层面，我们都应该更好地控制一些看似无足轻重的事情与思想，只有这样，我们才有可能更好地处理那些更重要或者更宏观的事情。这是因为身体的活动取决于我们的心灵状态，并且心灵状态是造成身体活动的关键原因。这样的情况对所有人来说都是一样的。无论是在哪一个阶段，严格控制自身的思想都是极为重要且富于价值的。在人生早期进行这样的训练，对日后的人生会非常有好处，但是无论什么时候这样做，都不会太迟。

有时，一些几乎无法察觉或者持续的思想潜流在涌动，慢慢地渗透到了我们的思想世界里，分散了我们的注意力。这些思想可能会以上千种不同的形态呈现出来，可能是因为一些重要或者不那么重要的事情引起的。其中的原因也没有那么明确，有时看上去甚至是毫无缘由的，但这些思想就是死死地占据着我们的心灵。通常来说，这种比较模糊、难以察觉的思想是很难从心灵的世界里排除出去的，因为我们几乎都察觉不到它们的存在。但是，这些思想的存在却对我们形成了威胁，因为它们破坏了我们的注意力。这样的思想就像一头黑豹，始终站在某个阴暗的角落，随时准备对我们发动进攻。当我们的心智完全专注于某项工作的时候，它就不会产生什么重要影响，但却会让我们变得烦躁不安，影响我们的注意力。当然，这对我们的影响最后几乎是没有的。无论这些外来思想的侵入者是什么，要想获得成功，都必须将它们全部排除在心灵世界之外。

上面所提到的过程，可以称为将注意力集中在手头需要做的事情上。通常来说，这需要我们付出一些持续的心灵能量。正如上面所提到的那样，要想将那些不和谐的思想全部排除在心灵世界之外，需要我们付出心灵的努力。只有将这些不和谐的思想全部赶走，我们才能够全身心地将精力集中到手头要做的事情上。虽然我们在这个过程中会感到一些压力或者不适，但这是训练过程中必然要面对的。只有当我们真正做到了，所有影响我们心灵的思想才会远走，这就能让我们以更好的状态面对眼前的工作，挫败所有的侵入思想，成功地完成眼前的工作。

第二十八章　早期训练的重要性

　　孩子们接受早期教育的重要性是不言而喻的。因为人们已经意识到，早期教育对人的影响，是持续时间最长且最强烈的，对一个人未来的人生以及品格的形成都具有很大的影响。当代一位作家所说的话，与每一位观察认真的人就此的论述是一致的，他说："早期教育是非常重要的，这种教育是其他教育的基础，是孩子们从小接受思想的重要渠道。当他们坐在母亲的膝上，他们所学到的思想将会影响他们的一生。"据说，一个重要的宗教组织曾这样宣称，如果能够在孩子七岁之前对他们的人生进行正确的指引，接下来就不大需要担心他们会走弯路。

　　所有人都已经意识到了之前章节所提出的思想所具有的价值，不管这是通过他们自身现实生活的体验得到的，还是通过对他人的观察得到的。他们已经认识到，如果他们能够在人生早年就被灌输这样的思想，就可以避免许多痛苦、不安与挫折。当我们认识到早期教育的重要性，就会觉得，要是能够重新回到小时候接受这些教育，那该多好。如果真能这样，我们就不会失去人生那么多的可能性。

那些想要遵循这些思想的人经常听到有人这样说:"要是在我还是孩子的时候,有人跟我这样说就好了!""唉,如果所有的孩子都接受这样的教育就好了! 这将拯救他们的人生,也将拯救我的人生。"直到现在,真正认识到早期教育重要性的人还并不多。当孩子们还躺在摇篮里的时候,我们就该给他们灌输这样的思想。"当枝叶还处于生长阶段,将其折弯是比较重要的。"早期教育就是折弯的过程,可见,在孩子们还处于成长的阶段对他们进行教育,要比他们的心智定型之后再进行教育容易许多,产生的影响也更加深远。

置身逆境忍受痛苦或者灾难性的体验,其实并不一定是我们的选择。要是他们在小时候就接受这方面的教育,他们就可以对未来的这些事情有充足的思想准备,也能够更好地去面对。孩子们并不需要因为害怕自己被烫到而远离火炉,因为睿智的父母会告诉他们,只要他们离火炉有一段距离,就不会被烫到。与之类似,在孩子日后的成长岁月里,他们也并不需要受制于那些错误思想所带来的痛苦、疾病或者恶习,当然前提是他们接受了正确的早期教育。

很多母亲在不知道这些原则的情况下,依然按照一些重要的基本原则教育孩子。比方说,当孩子哭泣的时候,她会将孩子的注意力转移到其他的事情上,从而让他们忘记哭泣这回事。这种通过外界事物产生的心理暗示来改变孩子思想的方法,其实和医生将病人送到一个全新的环境中进行休养的方法如出一辙。环境的改变能够让我们的思想发生变化,很多人身体的虚弱都是通过这样的方法治好的。可见,这些医生使用的方法正是我们的母亲所使用的。

当孩子置身于一些可能让他们感到烦恼的环境或者心理暗示当中

时，我们唯一需要做的就是让孩子转变自己的想法。这需要我们不断地让孩子的心灵转移到眼前发生的事情上，从而分散他们的注意力，不再去想造成心灵烦恼的原因，向他们展现出原来自己也是能够在不受打扰的情况下去将其他事情做好的。这样的教育其实就是培养孩子良好的性格，那就是自我控制，因为每当我们对孩子进行这样的训练，其实就是教育他们这样一门艺术。这一方法的重要性及其优点，能够帮助他们控制一些突然发生且让他们无法理解的事情。我们要做的，就是保证孩子沿着正确的道路前进，同时寻求他们的合作。如果我们让孩子沉湎在这样的思想当中，从原则层面上看就是错误的，必然会引起孩子的反抗与不满。前面的方法会帮助孩子转移注意力，摆脱烦恼所带来的不良影响，后面的方法则会让孩子的心灵变得更加脆弱。

按照正确的原则给孩子实用的指引，只能在孩子已经认识到自己的思想之后进行。而孩子能够认识到自己的思想的时间之早，超出了我们的想象。让那些具有正常智慧的人回头想一下，到底是什么时候开始认识到自己能够识别一些思想的？如果他之前从来没有这样做过，将会非常惊讶地发现，原来第一次记住体验竟然是在自己那么小的时候。睿智的父母能够通过正确的暗示帮助孩子在更早的时候记住自己的思想。我们要求孩子不去做或者去做某件事情的时候，同样能够帮助他们不去想一些让他们感到烦恼的事情，而去想一些积极的。如果我们在足够早的时候就对孩子进行这样的教育，我们在引导孩子不去形成某些思想与不去做出某些行为上，就会变得更加容易。因此，在人生的最初期，最让人感到愉悦的习惯是可以建立起来的，而这个习惯的建立是让我们日后获得极有价值的品格的重要基础。

我们完全没有必要将孩子所面对的状况复杂化，不需要让孩子一下子面对成年人要面对的事情，因为他们的心智尚未发育到那个程度。这样的事情可以在日后慢慢来。孩子天生都会毫不犹豫地接受父母的教导，而这样的教导则应该以最简单的形式呈现给孩子。孩子的生活体验会帮助他们认识到自己该做什么。对他们来说，每一次体验都会让这样的习惯变得更加牢固。

在孩子很小的时候，他们的观察力就能够专注于一些庞大且简单的事实，那就是思想始终是走在第一位的，要不是思想的首先驱动，他们根本不会去做某些事情。这是一个重要的论述，看似非常简单，却是孩子们的理解能力所能够把握的。对这样一个事实的认知能够帮助父母更好地对孩子进行教育。知道了这样一个事实之后，我们就需要培养孩子的道德品质，向他们解释思想与行动之间的关系，这也应该是早期教育中比较重要的一个环节。当然，这是教育孩子过程中的一部分，因为我们还需要不断地通过耐心反复的教育、解释，必要时通过一些例子去讲解，才能够让孩子深刻地明白这些道理。无论是对孩子还是大人来说，任何形式的训练都应该是通过言传身教的方式来进行。不过，这样的教育不应该在过早的时候开始，当然也不能以过于粗暴的方式进行。

在对孩子进行心灵训练的时候，无论是父母还是幼师，都有很多工作可以做。事实上，对所有老师都是如此。但在我们给孩子打下牢固的基础之前，不应该让他们去接触那些更为高深的知识。这样的教育与训练必须要在孩子们完全掌握了对心灵的控制，直到最后所有错误与不和谐的思想都从心灵世界里赶出去之前。无论是对孩子还是成年人来说，这样都是符合事实的。

这样的训练与教育是必需的，因为孩子们应该在更早的时候就接受这样的教育与训练。思考这样的活动，本身就是人类所有活动中最初始的。这样的思想行为几乎在母亲怀孕之后就开始形成了。观察与实验的结果说明了一点，那就是我们的基本论述是适用于其他方面的，虽然身体所做的改变有时很难真正执行。心灵本身的状态就是高效的。身体有缺陷的情况对于那些并非残疾的人来说，其实根本不会产生任何影响。中国人在过去很长一段时期让女性缠足，但是女孩从出生之后，双脚其实就能得到正常的发育。但是任何种族的人，其身体类型其实不大可能与他们的心灵品格有什么关系。诚然，他们的身体特征会随着心灵状态的改变而发生变化。古代希腊人因为牢牢坚守着他们母亲灌输给他们的心理习惯，而形成了对身体美感的看法。因此，通过对孩子们的思想进行塑造，能够影响他们的身体发育，从而对整个民族产生影响。当然，希腊人的目标就是改变对美的形态的看法。如果我们能够给孩子灌输正确的心灵与道德品质，将产生多么重要且富于价值的影响！

母亲可以通过控制自身的思想，对尚未出生的孩子施加影响。在孩子出生不久的时候，是我们给孩子灌输思想的重要机会，因为此时就是给孩子打基础的时候。但要想取得成功，要依靠母亲对自身心灵活动的控制能力。无论是父亲还是母亲，他们都需要以最好的方式将事情做好。因此，他们应该对心灵自律与自我控制有更加深入的了解。这意味着他们在此之前需要接受多年的训练，也同样意味着他们为自己的孩子从一开始就打下一个牢固的基础，让他们能够在未来收获更好的结果，取得成功。同时还意味着这个国家能够变得更加繁荣富强。

霍尔姆斯博士在看待这些事实的时候，发表了自己的观点，那就是对孩子的训练应该在孩子出生前的三百年就进行。他的这句话绝对不是危言耸听。所以，每个年轻人都应该始终保持旺盛的精力，以高效的状态投入心灵控制的训练当中，因为这将让他们为后代创造更好的环境，让他们以更好的状态迎接这个世界的挑战。因此，他们进行这样的训练，不仅能够让自己受益，而且能够为他们最亲近的那些人带来好处。霍尔校长就曾用非常简单的语言对此进行概括，他说："身体与灵魂的每一次体验都是与遗传息息相关的。每个人最好的人生往往意味着他们的孩子也能够如此。"对每一位想要做到最好的人来说，事实都是如此。

通过进行心灵控制的训练，每个人、每个种族或者每个国家都能够得到巨大的提升，这其中的价值是无法估量的。这个方法非常简单，可以说任何人在任何地方都能够做到。每一种这样的正确的心灵活动，都能够对他人乃至世界产生影响。

第二十九章　三个典型的例子

拿破仑拥有强大的心灵控制能力，让他能够随意地将一些思想排除在心灵世界之外，而将注意力完全投入眼前的工作当中，仿佛他已经变成了另外一个人。

据说，拿破仑天生就是一位富于人性、慷慨大度以及具有怜悯之心的人。如果这是真实的，他必然是将这些美好的思想全部从自己的心灵世界里赶出去了，因为他后来变得像钢铁一般冷酷无情。在他人生的某个阶段，他似乎被某一种思想所控制，而在另一个阶段，他似乎被另外一种思想所控制。诚然，他是一位多变的人，即便是自传学家都无法解开他做出这些改变的原因，世人对此也无法理解。有时，他做出的改变是那么彻底，甚至连他的追随者都不敢确定到底哪一个才是真正的他。也许，他的每一次改变都是真实的，因为他自己的话语就能够说明，这是他有意改变思想方式所带来的结果，都是他按照所处环境以及自身的判断而决定的。"他将自己的心智比喻为抽屉的格子，每一个主题的思想都占据着分离的空间。每当他打开一个格子的时候，另外的思想不会与此混淆。当所有的格子都关闭的时候，就是他入睡的时候。当然，这样的比喻也不大真实。但在他人生巅峰的时候，这样的情况几乎就是人类大脑所能够做到的一切了。"

在拿破仑的一生中，还有很多关于他完美地控制自身思想的例子。当他已经准备就绪，军队随时投入作战的时候，他能够安然入睡，即便外面正在进行惨无人道的大屠杀，都不会影响到他的睡眠。他不断地重复这样的行为。在杰娜这个地方，他就是在战场的后方呼呼大睡，丝毫不担心自己会战败。在奥斯特里兹，当他经过长时间的部署之后，就在一间草屋里，像一个婴儿那样睡觉了。可能只有像拿破仑这样对心智具有如此控制力的人来说，才能够做到这样。虽然在他的人生里，许多事情不值得赞扬与模仿，但是他的心灵控制能力确实让世人啧啧称道。他就是心灵控制方面最好的范例。要是所有人都能够学习他的这种能力，必然能够从中有所收获。

乔治·W·斯莫利在写关于格拉斯通的传记时，曾这样写道："如果说格拉斯通先生真的有一项比其他人更厉害的心理能力，就应该是他能够让心智将所有与眼前工作无关的思想全部排除在外，全身心地专注于眼前的工作。无论在任何时候、任何地方，他都能够做到这一点。即便是在入睡的时候，他也能够将所有关于工作的事情抛开，像婴儿那样入睡。"

在这本书里，他引述了格拉斯通的自述："当然，我这一辈子也不容易。我必须要就很多极为重要的事情做出决定。每当我做出这些决定的时候，都会让自己处于最佳状态，保持极高的注意力。我会权衡各方面的利弊，然后下定决心去做我认为最正确的事情。在完成了这些工作之后，我就会将这些思想排除出去。作为首相，我必须要做许多演说，所以我必须要知道该在什么时候转移自己的注意力。但在我做出一个决定或者发表完一篇演说之后，我就开始感到忧虑，我对自己说：'也许，我应该更加强调这样一个事实或者观点，或者我没有就这个问题进行更加充分的考量，或者我应该在演说中更强调这样的事实，或者在演说的措辞上使用更好的词句，以便更好地吸引我的听众。'如果我真的这样做了，而不是在做完这些事情之后将这些思想放在一边的话，那么我可能二十年前就进坟墓了。"

雅各布·理斯在讲到一个关于罗斯福总统的故事时这样谈道："忘记与眼前工作无关的事情的能力，是罗斯福总统取得成功的一个重要原因，无论他身处什么职位，都能够做到这一点。正是他拥有的这样的能力，让他将每一件事情都能很圆满地做好。很多人都在不同的场合讲过罗斯福总统这方面的故事。一次，罗斯福总统参观一个学生的房间，拿起了一本书，立即被这本书的内容所吸引。当他从阅读的思绪中抽身出来的时候，才懊悔自己的一个小时已经流逝掉了，于是赶紧去做其他事情。在选举副总统这种让人兴奋的时刻，罗斯福总统单独待在一个房间里，阅读修昔底德的作品。这是他当时身边的人阿尔伯特·肖说的。当他休息的时候，他看见他拿起一本书，一看就是一整天，几乎忘记了世间所有的事情。"

第三十章　罪恶的惩罚

虽然将不和谐的思想排除在心灵世界之外，需要我们同时避免身体状况出现任何不和谐的情况，但是我们绝对不能认为，那些罪恶之人通过这样的方法，将心智世界里的悲伤、悔恨、遗憾或者自我谴责赶出心灵，就能够让自己逃脱正义的惩罚。他的罪恶行为本身就代表着一种不和谐的行为，产生了不和谐的结果，所以他本人是绝对无法逃脱这些思想的折磨的。每一种不和谐的状况都必然会产生一种结果，而将这些心灵状况从心灵的世界排除在外的做法，并不能让我们免于其他人给他们带来的结果。事实上，如果一个人真的将遗憾的情感从心智里排除出去，是可以避免这些情感所带来的痛苦与遗憾的，但是这绝对不能削弱他的罪恶行为给自己带来的痛苦。

有人说，为自己做出的某些罪恶行为所感到的痛苦，应该直接归结为这些行为本身，因为要是没有做出这些行为的话，他们也就不会感到痛苦了。这个假设看似正确，但每一种不和谐的思想都会给我们带来惩罚。即便是具有美德之人在犯错之后，都必然要遭受相应的惩罚，所以罪恶之人也是不能例外的。

举个例子。一位正直的牧师可以说过着能够作为他人榜样的生活，但是他的生活与品格却因为某个错误的思想而变得灰暗，因为他认为自己犯下了一些不可饶恕的罪行。他的懊悔之心与绝望感那么强烈，一直伴随着他进入坟墓。最后，他成为自身幻觉的受害者，而这些幻觉的产生，在很大程度上又是自身不和谐的思想所造成的。我们是不是可以这样说，他感受到的痛苦或者最后的死亡就是因为他自身的罪行所造成的，因为他并没有做什么伤天害理的事情，这一切都是因为他自身不和谐的思想造成的。

　　当然，不管是对那些有罪之人还是无辜之人，痛苦的感觉都可能是由悲伤、遗憾、懊悔或者类似的情感引起的，所以，我们必须尽量避免让心灵置于这样的状态中，但是错误的思想却能够在我们称之为罪恶的行为中出现，其中不和谐的思想本身就足以让我们深受其害。不论产生这些不和谐思想的根源是什么，我们都应该将这些思想彻底排除在心智的世界之外。不和谐的思想以及它所导致的行为本身就可以归为一类，最后造成的结果也必然是与其属性相当的。因此，虽然一个人可能将所有不和谐的思想以及行为都排除在心灵的世界之外，避免让自己遭受这样的结果，但是他却依然可能因为自身罪恶的情感而深受其害，从而让自己无法摆脱这样的结果。

　　虽然这个人表面上展现出自身的健康与力量，但是他的错误思想最终必然会以行为的方式呈现出来。我们绝对不能对自我感到骄傲，认为自己能够在心灵产生了一些邪恶、罪恶或不和谐的思想或者做出类似的行为之后，还能免于遭受不良的结果。这样的事情是不可能出现的。只有当我们通过和谐的思想与纯洁的行为去做事时，才有可能避免那些恶果的出现。任何一种违反心灵秩序的行为所要遭受的惩罚，都是无法避免的，因为他们心灵世界里的思想是不和谐的，最终必然会让他们做出类似的行为。思想能够让我们做出某些行为，这是一个无法改变的事实。错误的思想不仅会逐渐蔓延，而且能够让我们深陷在这些错误当中，无法自拔。不用多久，我们就能够感到这些错误所带来的痛苦。可以说，所有的结果都是因为自身的心灵所造成的，这一点毋庸置疑。我们必须要将所有罪恶的思想与行为都排除掉，只有这样，才能远离所有的惩罚。将内心这些不和谐思想排除出去，并不是要让我们消除所有的痕迹，而是让我们不要沉浸在这样的思想当中，因为若是这样持续下去，最后必然会结出苦果。

我们所做的一切行为，都是无法重来的。我们所说的话，也是永远无法收回的。闪过我们脑海的一切思想，都必然会在心灵的地图上留下痕迹，就好像一道闪电划过天际，然后消失不见了，但我们却不能说这道闪电是不存在的。所以，我们的一切想法都必然会在当下或者未来表现出来。可以肯定的是，这些思想本身的属性就决定了我们最后要面临的后果。如果我们的思想属性是正确的，我们就会收获好的结果；如果我们的思想属性是邪恶的，不好的结果必然是我们最后的归宿。良好的结果取决于良好的思想，正如不好的结果取决于不好的思想。大自然是按照一种绝对公正的方式运转的，能够让所有事物都决定自身的位置，不管这些事物本身是善意还是恶意的。世人可能始终都没有看到某个人所做的一些行为，他最亲密的朋友可能永远都不会对他产生怀疑，但是他却不能欺骗自己。有句话说得好，善有善报，恶有恶报。最后他也必将为自己所做的付出代价，这是无法逃脱的。

无论是对世人，还是对他的敌人，或是对他最亲密的人来说，他都不需要为此感到担心。因为他必然会为自己的行为承担所有后果。无论是面对朋友还是敌人，人们始终都会倾向于一种谴责的态度。但是，不管他们持有怎样的观点，他们的这种谴责行为都可能是不正确的，也是不智慧的。当然，其他人也不需要为这些人的行为没有报应而感到不满。那些沉浸在谴责情绪中的人可能对此没有任何感觉，可能认为那些始作俑者应该承担所有后果。但是，这样的思想本身就是不和谐的，因为不和谐的思想所带来的惩罚，终究会降临到那些用批判态度指责他人的人身上。

即便那些享乐者或者谋杀者的行为始终都没有被人发现，也逃脱了法律的制裁，但是他们也必然会为自己的行为付出相应的代价。虽然那些做错事的人可能进行自我辩解，认为这样做是正确的，或者因为某些错误的思想牢牢地控制了他的心灵，所以他认为自己做了一件非常正确的事情，但是他最终都需要为自己的行为付出代价。他最后必然要承受某些痛苦或者谴责，虽然很多不知内情的人对此无法理解，但是这些有罪之人都需要为他们曾经做过的事情付出代价，因为他们身上所有的优秀品质已经消失了。虽然他们遭受的痛苦可以被称为轻度的惩罚，但是这样的惩罚将是持久的。谁能够衡量这些轻微惩罚对当事人所造成的影响与破坏呢？谁能够说这样的惩罚不够严厉呢？

当一个人对他的兄弟犯下了罪行，他所遭受的惩罚也是相同类型的，因为这几乎已经将原本属于他的东西全部剥夺了，让他无法享受这些原本美好的事物。除此之外，他可能会失去所有的个人财产，或者被法律判处监禁，无法获得自由。或者他遭受了最严厉的惩罚，失去了自己的生命。无论他遭受的是哪一种惩罚，都是对他的罪行的一种惩罚，谁能说这样的惩罚不严厉呢？所以说，任何犯下罪行的人，都是必然要遭受惩罚的。天网恢恢，疏而不漏。其实，更严重的惩罚就是，这些罪恶之人因为自身的所作所为，让自己的心灵与道德的品质全部失去力量。他会发现自己就是一具行尸走肉——因为他所有高尚与高贵的本能都丧失了。

在过去几个世纪里，对地狱的恐惧已经被人们视为一种对邪恶思想进行控制的有效手段。但是我们在这里所说的惩罚却是最肯定也最必然的一种存在。这样的惩罚不会延迟到未来某个不确定的时间，有罪之人也没有任何逃脱的办法。因为在他们做出罪恶行为的那一刻，就已经决定了最后的结果。即便他们是因为罪恶思想的驱动才做出了这样的行为，就好比一株植物的生长能力本身已经存在于种子里。所以说，其中的因果关系从一开始就注定了。那些说谎的人，必须要说一大堆的谎言才能够掩盖一个谎言，所以他们永远都会处于这样一种害怕被他人拆穿的世界里。因此，错误的思想就会变成对他们的一种折磨，这本身就是惩罚的一种形式，而这种形式的惩罚是更加严重的一种。在每个不同的例子里，最后惩罚的结果必然是与原因相对应的。因此，惩罚的力度也必然与罪恶的程度成正比。自然法则的正义天平始终都保持在一种绝对平衡的状态上。这就好比地心引力，地球上的万物都受其支配。诚然，错误就是道德的地心引力，但是这并不能阻挡滚石从高处掉下来，因为这样的行为本身就是一个无底洞。当人做出了错误的行为，自然有其必然归宿，这一切可以说都是命中注定且不可改变的。原则的东西是永远都不会改变的，因果关系也是永远不会改变与动摇的。

这看上去是一个悖论，因为很多人做了坏事之后，都逃脱了他们应该接受的惩罚，这似乎就已经违背了这样一个永恒的原则。但事实上，他们并没有逃脱自己应该接受的惩罚。世人可以原谅一些人的罪恶行为，但是只有当这些人真正发自内心地在行为、言论与思想方面彻底抛弃了邪恶的东西，才有可能实现。如果他们始终坚持那些罪恶的思想与行为，其实就是不断地坚持原先的那个原因，最终的结果也是不可逆转且必然出现的。因为正是一些原因才造成了一些结果，如果这些原因从一开始就没有出现，那么也就不会出现什么结果了。如果我们从一开始就没有播下蓟草的种子，就根本不会长出蓟草。即便我们播下了蓟草的种子，并且蓟草已经长起来了，如果我们将其连根拔起，彻底消灭的话，蓟草也不会对庄稼造成太大的影响。

第三十一章　一个故事及其教训

　　将不和谐的思想彻底赶出心智的世界，无论是在社交还是处理个人关系的层面上，都具有重要的价值。这是一种柔和的能力，却能够给我们带来极大的帮助。

　　无论我们对此是否熟知，都能够始终在心智的世界里唤醒类似的情感，从而填充我们的心灵。一个人表现出的愤怒情绪可能会传递到他人身上，而一个人表现出的爱意也可能会激发他人的爱意。恐惧只能让人收获恐惧，自信则能让人获得自信。一个人所表现出的愉悦情感能够让他所处的空间都充满这样的情感。如果他能够坚持这样的情感，愉悦的感觉就会充满他所在的社区。即便是那些陈词滥调的好话或者人们经常说的励志话语，所产生的影响也超乎人们的想象。

　　意图本身并不能控制自己给人留下怎样的印象，因为我们在执行的过程中，自身的品格与实现的方法之间可能出现差异，从而产生与自身想要的不大一样的结果。除此之外，我们的内心可能还有某些更为强大的主导思想，这样的主导思想可能与我们的这些意图存在差异。单纯拥有一些积极的想法，如果这些想法无法得到思考者本人的支持与配合，必然会影响到我们给他人所留下的印象。而我们的思想越是真诚与积极，这些思想所产生的效果就会越好，我们所得到的结果也会更加明确。这并不需要我们从一开始就拥有想要给他人留下好印象的意图。只有当我们内心真的存在着一些美好的思想时，我们才有可能给他人留下美好的印象。

一位波士顿公立学校的老师有一位助理，帮助他开展工作。这两位原本不认识的人在每天的上课时间里形成了亲密的工作关系。很快，他们就发现一点，那就是如果其中一个人发表了一个观点，那么另外一个人就会对此感到不满或者恼怒。心灵出现的这种不安或者恼怒必然会让他们表现出某种程度的愤怒，虽然他们都宁愿称其为讨论。当他们每天都这样做的时候，似乎每一天都变得阴沉起来。在经过认真的思考之后，这位老师决定避免让自己因为这样的情况而出现心灵的恼怒。他下定决心，要停止思考任何不和谐的思想或者愤怒的思想，不管这些思想看上去是多么的微不足道。

就在这位老师下定决心之后没多久，这位助手就说了一些让他感到恼怒的话。当他面对这些话所带来的情绪时，他只是坐在椅子上，努力地将心灵中这些不和谐思想全部赶走。当他进行这些努力的时候，并没有想着用任何方式去影响自己的助手。事实上，他也根本没有想过要这样做。他努力改变自己想法的做法，将所有不和谐的思想赶出心智的行为，最终让他摆脱了恼怒的情绪。毕竟，只有他才能够让自己做到这一点。

这位老师发现，要想持久地保持这样的心灵状态，需要做出更多的努力，耗费比他之前所想更多的时间。但是这只能够坚定他要改变自己的决心。过了一阵，他就体验到这样做所带来的快乐。他内心的不和谐想法全部消失了，和谐的思想牢牢地占据着他的心智世界。之后，他就经常在工作过程中感到愉悦。和谐的心态填充了他的心灵，他为自己能够战胜那些不和谐的思想而感到无比骄傲与高兴。

他坐在椅子上的时间要比平常更长一些，从而让自己能够更好地保持这样的心灵状态，让自己能够抵御所有不和谐的思想，确保自己能够享受到当前的满足感所带来的乐趣。最后，当他收获了这样美好的结果时，自己也感到无比惊讶。他的助手也坐在他的旁边，用比较柔和的方式握着他的手，然后用比较柔和的语调对他说话，询问他一些课堂上发生的事情，这是之前从未出现过的。可见，这位助手的心灵也同样将这些不和谐的思想从心灵的世界里排除出去了。他们两人之间的分歧已经弥合了。

这看似是一件不起眼的事情，但透露出来的意义却是非常重要的。因为这件事情清晰地展现了心灵活动的重要原则始终都在运行，并且能够帮助我们与他人建立更好的关系。当我们经过不懈的努力，将不和谐的思想赶出心灵世界，让和谐的思想占据心灵的时候，我们就能够更好地控制自己的心灵，让自己改变与他人相处的方式。就上面那个例子来说，那位老师在面对分歧的时候，首先是从改变自身的思想开始，正是他做出了改变，从而影响到了他的助手的想法，最终消除了这样的分歧。当老师与助手都能够保持和谐的思想时，他们的关系就会变得更加亲密。一旦他们都养成了这样的思维习惯，他们就不再需要故意为之耗费什么努力，会自然而然地做出这样的行为。将不和谐的想法从心灵的世界里赶出去，让和谐与积极的思想进入我们的心灵世界，也是一样的道理。

古时有句话，吵架需要两个人才能吵起来，这句话没有错。同理，要想发怒，至少也要两个人以上。如果某人处于愤怒的情绪当中，他就会将自身这种不和谐的思想爆发出来，可以说他已经没有耐心对这样的情绪加以控制。然而，这样的情绪必然会影响到其他人，从而给他人造成不良影响。可见，我们必须要将这些愤怒的情绪赶出心灵的世界，让这样的情绪没有持续燃烧的"燃料"，让其自行熄灭。

在上面提到的那位老师与助手的例子里，可以肯定的是，二人心中一开始都存在着某些不和谐的思想，也许一开始只是其中某个人有这样的不和谐思想，但是这样的思想会传染到另一个人心中，并随着时间的流逝而逐渐增强。而当他们开始让自己的心灵中出现积极和谐的思想之后，不和谐的思想就会逐渐消失，直到最后从他们的心灵世界里彻底消失。

上面的例子说明了一点，那就是我们在面对所有误解或者争吵的时候，都可以采用这样的方法去面对。能够对自己所处环境有着清晰认识的人应该立即做出改变，始终保持平和的内心，将所有不和谐的思想全部赶出心灵世界，专注于眼前的工作，不去理会他人的话或者追究到底是什么事情产生了这种不和谐的思想。做到了这一点，我们就能够保持和谐的心态，而这样的心态必然会影响到其他人。在这个过程中，我们所要做的就是等待。等待会帮助我们自然地将剩余的事情做好。"只有那些耐得住寂寞，拥有足够耐心的人，才能够获得最终的胜利！"特别是在面对上面所提到的例子，我们更应该在等待的过程中始终保持正确的心灵状态。

除非我们能够以自然的方式将这样的和谐思想传播出去，否则与他人和解的效果就会大打折扣。通常来说，那些本意良好的人往往都不会取得最好的效果。在这些情况下，对自身心智进行完美的控制，才能够让我们获得最终的成功。这并不意味着当我们发现了他人做了错误的行为时，我们就绝对不能对他说出这样的事实。但是，即便当我们这样做的时候，也要记住，最好不要激起犯错之人内心的不和谐思想。一个人心中的不和谐思想会传染给其他人，即便是我对某件事情所产生的幻觉，都有可能唤醒人们内心的不和谐思想。

我们应该特别指出一点，那就是在上面所提到的例子当中，那位老师之所以进行自我改变，并不是为了给那位助手留下很好的印象，也不是为了帮助那位助手做得更好。所以说，我们去这样做的原始态度是最为重要的。为了他人而提升自身的素质，是值得赞许的，但是当我们为了改变某个人的缺点而这样做的时候，就不值得赞扬了。因此，只有当我们不是为了他人而是为了自己这样做的时候，才能够产生积极的效果。因为每个人都必须独自面对自我——除非他人请求我们给予帮助，否则我们就不应该对此进行干预。

当两个人都感到愤怒的时候，可能是因为其中一个人的话或者行为激怒了另外一个人，从而让他对此感到愤怒。除非其中一个人能够保持对自身情绪的完美控制，否则这样的愤怒情绪是很难消除的。即便过了一段时间，所谓的"愤怒情绪已经消失"的话，也很值得我们怀疑。诚然，很多人在试图解决社会问题时，通常会犯下这样的错误：每个人都倾向于指责他人，试图纠正他人存在的错误，或者将注意力投入到纠正他人的错误之上。某些人想要通过改变他人而阻止一场争论的做法，十有八九是行不通的，特别是对那些受制于不和谐思想的人，因为这些不和谐的思想本身就会让他们做出不和谐的行为。

爱比克泰德就曾非常睿智地说："无论他人如何对我，我始终以正确的方式对他。因为我只能做好我自己，而他人的做法则是我无力改变的。"行为与思想是紧密联系在一起的，这样的法则其实也适用于人与人之间的交往。这样一句充满哲学意味的格言应该能够对我们有所启发。无论别人做了多么正确的事情，都不可能让我们所做的错误之事变得正确。因为错误永远不可能变成正确的，无论置身于任何环境，这都是不可改变的事实。

当那位老师将心灵中的不和谐思想赶走之后，他会发现，那位助手身上也没有了那些不和谐的思想。要是他从一开始就试图帮助那位助手纠正他身上的缺点，那么两人之间的分歧永远都无法弥合。虽然助手的行为是按照这位老师的指导去做的，但是他的思想却没有与这位老师走在一起。只有当我们真心接受了他人所持的思想，才会认同他们的行为。所以说，改变归根结底是属于自己的责任。

事实上，正如之前的章节所提到的原则，这个世界上的每个人能改变的只有自己，而改变他的人也只有他自己。无论他人给予我们多少心理暗示，最本质的改变还是自我的改变，因为一个人自身的思想所进行的思考都是一种具有因果关系的能量。他人请求我们的帮助，这样的情形不能排除在外，当然禁止将所有美好的情感或者兄弟之爱传播出去也包括在内。诚然，最基本的原则需要我们做到这一点，因为其他人的心智可能并未处于一种和谐的状态中，但是我们的工作毕竟也只是属于自己的工作。当人的双眼释放出光芒的时候，他就能够清晰地看到兄弟眼中的尘埃。但在移除这种光芒的时候，他可能也要将尘埃扫出去。只有在这之后，他的兄弟才能够看到他那双清澈透明、没有蒙尘的眼睛。

第三十二章　关于契约的故事

　　有一个人自称史密斯，我们不知道他的真名，他只在与一位木匠签署建造房屋的合同上写着这个名字。当房子建到一半的时候，木匠走过来对史密斯说，他最近手头比较紧，要是能够立即拿到建造房屋的全款的话，将极大地缓解他所面临的经济压力。事实上，按照合同的要求，木匠只有在将房子全部建好之后才能收到全款。但是，史密斯还是从银行取出钱来，将全款给了他。之后的一段时间里，建造房屋的事情进展得非常顺利，直到房屋差不多建好的时候，木匠却不干了，而是去做其他的事情，这让史密斯感到极为苦恼。

　　几个星期过去了，那位木匠依然没有回来建造房子。于是，史密斯就去找这位木匠，询问他什么时候才能够将房子建好。木匠回答说，自己该做的工作已经全部做好了，并说自己现在非常忙，没有时间谈论这件事情。史密斯对他的回答感到无比气愤，但他经过思考之后，决定运用他的老师之前教他的一套训练方法。他将自己的愤怒情绪以及想要责备这位木匠的话语都忍住没有说，将心灵世界里所有不和谐的思想全部赶走，让自己能够在一种和谐的心灵状态下看待他与木匠之间的合同。他发现自己在履行合同方面没有任何问题，而且还给了木匠不少帮助，但是木匠却跑去做其他事情，这样的行为让他陷入了困境，而这位木匠对此竟不以为然。当他见到这位木匠的时候，就看到他脸上青筋暴露，表情像钢铁一样坚硬。但即便如此，史密斯都没有让木匠所表现出来的情绪唤醒他内心的不满，而是始终让自己处于一种和谐的心灵状态中。接下来，他们开始谈论房屋建造尚未完成的工作，在不到十分钟的时间里，在史密斯尚未提出要求的情况下，这位木匠就答应回去将房子建好。史密斯对木匠说，他可以派其他人去完成，但是木匠坚持自己去完成。这位木匠回去将房子建好了，并且还额外地做了一些修补的工作。这些工作都是木匠怀着愉悦的心情去做的，并且他还拒绝了收取额外的费用。

在这个例子里，史密斯成功地控制住了自己的心灵活动，将心灵中所有不和谐的思想都赶出心灵的世界，最终取得了成功。正如之前谈到的关于那位老师的例子，情况几乎也是如此。史密斯并没有想过通过这样的方法给木匠施加什么影响，只是希望首先能够让自己处于这样一种心灵状态中。在这个过程中，没有哪一方的利益受到了攻击或者影响。他们彼此也没有任何需要隐藏或者私底下做的事情。当然，这个过程也不会让人产生反感。史密斯对那位木匠产生影响的原因，就是他能够在一种公正、面对面的开放式谈话中做到的：他让自己始终处于一种和谐的心灵状态中，然后说出自己想要说的话。最终取得的结果也是让他满意的。这样的做法要比任何强迫的行为都好。诚然，如果史密斯通过强迫的手段逼迫木匠去做事，在这个过程中必然会伴随着争吵与责备，而这只能加剧木匠的不满情绪，让他不可能怀着愉悦的心情去工作。在这个例子里，如果愤怒的情绪占据了他们的心灵，他们可能要打一场昂贵的官司，即便史密斯赢了，对于解决建造房屋的问题的帮助可能也不是太大。相反，史密斯采取了这样的方式去面对，使得双方都节省了金钱与时间，还避免了双方出现敌对的情绪。在争论当中，最重要的就是当事的一方要将心中的不和谐思想全部赶走，这才是解决问题最重要的一个环节。

也许，一些人可能会说，在那样的情况下，自己没有足够的能力像史密斯那样保持克制。这也是事实。但是，每个人都可以在一些不那么重要的场合下这样做。如果他在面对不顺心的事情时，采取的办法就是将那些不和谐的思想全部赶出心灵世界，他很快就会发现，自己能够在一些更重要的事情上做到这一点。正如之前的例子说明了一点，那就是只有当双方都怀着和谐的思想去做事时，才有可能将事情做好。其实在生活当中，每一件事情都能够给我们带来一些教益与道理。如果每个人都能够做到这一点，我们的社区就会发生变化，每个人在工作上也能够取得更大的成就。

上面所提到的原则同样适用于财产方面出现纠纷的问题。一块土地的拥有者说栅栏划分出来的位置是不正确的，应该马上移除栅栏，但这样做却又可能侵犯邻居的利益。愤怒的情绪与不和谐的思想马上就会在双方的心灵中产生。最后，他们陷入了一场长达数年的官司。每个人都宣称自己拥有对这块土地的所有权，并且都拿出了一些所谓的强有力的证据。这场争论最后变得旷日持久，直到最后一方对此感到无比厌倦，将属于自己的那一份土地出售，从而摆脱这样的纠缠。

购买这块土地的买家刚好不是脾气火爆的人，他知道无论自己怎么做，对方都有可能感到不满，他也不想继续这样的官司。他的行为就展现出了智慧。首先，他抓住了一个很好的机会，向对方阐述了自己的观点，然后询问对方，到底应该怎样用栅栏划分。对方非常仔细地说出了自己的看法。当他们商定好之后，那位买家就说："如果你愿意将栅栏搬到那个地方，我愿意出一半的费用。"对方感到无比惊讶。他遇到了一位心灵和谐之人。最后，栅栏还是留在原先的那个地方，官司也被撤销了，这两人还成了朋友。

这就是不抵抗所具有的能量。当我们处于一种和谐的心灵状态，争吵几乎可以说是无从谈起的。

第三十三章 借据的故事

　　一位绅士向一位寡妇借了五百美元，并且写下了借条。没过多久，寡妇的大儿子就陷入了麻烦，有可能因此被投入狱。这位绅士知道这件事情之后，发现这位年轻人的确做错了事，但他是无心的。原来是那些诡计多端的人想要利用这个年轻人的无知，让他去帮助他们做一些非法的事情。这位绅士以恰当的方式运用自己的影响力，帮助这位年轻人解了围，让他有机会重新做人。这位年轻人在经历这次教训之后，受到了警示，之后就正经做人了。没过多久，寡妇的第二个儿子又遇到了一个很严重的问题，这位绅士同样帮助他摆脱了困境。与此同时，绅士一直没有还钱给那位寡妇，因为那个时候他还没有足够的钱。虽然绅士没有说出口，但是他认为自己帮了这位寡妇不少忙，应该能够抵消这笔债务。

　　几年之后，寡妇去世了。这笔债务必须有个解决的办法。这位绅士希望寡妇的两个儿子——同时也是他的朋友，能够与法院就这件事情进行陈述。但是，寡妇的女婿却负责起关于债务的事情。此人在商界干得不错，但是为人却极为苛刻。他绝口不提消除这笔债务的事情，这让这位绅士陷入极为被动的局面，因为现在离还钱的最后期限已经非常近了。刚开始的时候，他还以为他们会让这件事情就此过去。直到有一天，一位官员来到他工作的地方，要求他还一千美元。此时，继续延迟还钱已经变得不可能了。他必须努力解决这件事情。他所面临的问题是："该怎样解决这个问题？"这位绅士决定控制好自己的情绪，不让那些不和谐的思想影响自己对这件事情的看法，做到对事不对人。在思考的过程中，他也注意到了自己的疏忽是造成这件事情的主要原因。

在最后期限到来的几天前，他前去找那位寡妇的女婿，跟他谈了关于借据的问题。对于这位女婿所提的问题，绅士都给予了坦诚的回答。他说自己是怀着友好的信念写下的那张借据，而且签名的人也是他。他在那个时候借了钱，就写下了借据，而他到现在都还没有还钱，甚至连利息都没有还。当然，他将事情的前因后果都说出来，会让自己处于一个极其不利的局面。接着，他说自己认为那位寡妇的两个儿子都是理智的之人，所以他们应该会用正确的方式解决这件事情，而不是采用法律的途径去解决。在这个过程中，绅士始终保持着和谐的心态，将事情的前后一五一十地说出来，然后进行详尽的讨论。最后，他们两人在友好的气氛下谈论了半个小时，在这期间，绅士并没有做出任何的要求或者想要施加什么影响。最后，这位女婿说："这件事情就这样圆满地解决吧。"他并没有要求绅士归还那笔钱。

将不和谐思想全部赶出心灵世界，在现实生活中产生了最为直接的影响，甚至是在商界交易的过程中，保持和谐的心态都能够帮助我们做得更好。而要想做到这些，我们就需要按照所提的原则进行训练并加以保持。

第三十四章　关于这些故事的讨论

　　上面的例子都是最真实的，它们从现实生活的角度阐述了无论是在社交还是商业事务中，对自我的思想控制有多么重要。这些例子同时还说明了一点，那就是保持和谐的心灵状态能够对我们有多么大的帮助。始终保持和谐的心灵状态其实是解决问题最重要的办法，无论是以直接还是间接的方式，都能够很好地解决我们所面临的问题，让我们更好地对他人施加影响。这些例子说明了和谐的心灵状态是具有一种力量的，虽然很多人都没有认识到这样一种力量，但这种力量却始终都存在着。这些例子还说明了，为什么很多人付出了那么多的努力，最终却失败了，甚至让原先付出的努力付诸东流。这种力量源于我们对心灵状态的控制，让我们能够拥有一种正确的心灵状态。一旦这种心灵状态建立并得到保持，我们就能够取得积极的结果。

　　要想真正有效地影响他人，我们必须追随自我。要是做不到这一点，任何努力都将是徒劳的。在上面所提到的两个例子里，我们可以看到，无论是那位老师还是史密斯，他们在解决问题的时候，都没有想到过改变自己心灵状态的努力会影响到他人，他们这样做的本意也不是为了影响他人的心智或者行为。在上面的例子里，我们都可以看到他们进行了坦率、开放且面对面的交流。如果我们采取其他的方式去做，可能就会引起彼此之间的反感，这就偏离了我们原先设定的理想目标，就好比在合法的经济交易中进行暗箱操作。

很多人距离从心理层面上影响他人，让他们处于正常心灵状态的努力只差一步，但如果没有这样的知识与理解，他们就有可能走在错误的道路上。毕竟，谁能说自己所持的观点就一定是正确的？或者说，谁能够说自己的观点对他人来说就是绝对具有价值或者最好的？难道每个人不应该成为决定自己事情的主宰者吗？特别是在很多睿智之人进行最真诚且认真的谈话时言语也经常出现自我矛盾的情况下，我们又怎么能够认为自己就一定是正确的呢？如果他人没有将自己的愿望说出来，我们又怎么知道他人到底想要些什么呢？要是我们想着通过暗中的手段去影响他人，其实就是想要控制他们的思想。在很多情况下，这种隐秘的行为都是为了达成某些目标而执行的。但在很多时候，这样的行为都需要我们用真诚的态度去说服别人，展现出自己的善意。只有这样，我们的行为才是正确与公正的，甚至是值得赞扬的。彭恩斯曾写下这样一段睿智的话：

> 当自我在摇摆的平衡中摇晃时，
>
> 很难进行正确的调整。

印度的一些暴徒不仅相信自己勒死受害者的行为是正确的，而且还发自内心地相信一点，那就是他这样做是出于宗教责任，所以他将受害者勒死，其实对受害者本人来说也是非常有好处的。他这样说的时候的真诚态度，可能与绝大多数基督徒在认为自己给予他人帮助时的想法差不多，或者说，这些基督徒认为那些暴徒的所作所为是错误的，但他们在面对这些事情的时候所持的态度都是真诚的。还有很多想要暗中给他人施加心灵影响的人，他们在这样做的时候态度也是极为真诚的。他们自认为做了正确的事情，但并不能保证这些事情就一定是正确的。正确的就是正确的，不管他人对此持怎样的看法。不管一个人对错误的看法持多么坦诚的态度，都不能让错误的看法变得正确起来。

还有一件事情是需要我们注意且必须去做的，那就是让我们的心智保持在一种有序的状态中。当我们知道了什么是正确的时候，就应该按照正确的方向去做，将心中原先的想法都放下来，努力遵循着正确的原则前进。当然，在这个过程中，我们必须记住，即便我们将这些不和谐的思想排除在心灵世界之外，也不能将通过坦诚开放的态度来解决分歧的想法排除出去。

上面这些例子说明错误的想法的确存在于人类业已接受的思想当中，而我们对这些错误的认知则能够很好地帮助我们实现心灵的自我控制。

首先，我们要控制的一点，就是每个人都拥有将自身的错误或者失败归咎于他人或者环境的想法。这就好比发生在伊甸园里的夏娃与亚当的故事——亚当将自己所犯的错误归咎于夏娃，夏娃则将自己的错误归咎于蛇（当然，蛇无法为自己辩护）——即便是在人类最初的阶段，就开始使用借口为自己的错误开脱了。但即便是这样的借口或者说辞，也永远无法扭转每个人找借口为自身错误开脱的行为。

通常来说，当人们意识到自己无法改变一些事情的时候，他们就不会选择冒犯别人也要这样做，给出的借口足以让一般人的心灵保持缄默。比方说，很多人都会以天气恶劣作为借口不去赴约，或者以其他的任何事情作为借口，而不管这些借口是琐碎的还是重要的，但这些借口都足以构成很好的理由，从而为他们的失败或者任何失误遮羞。即便是他们的一些反悔行为，都可以找到很好的借口。虽然他们所做的事情是错误的，但是每个人都已经习惯于找借口为自己开脱。绝大多数人都习惯了这样的做法，他们找许多借口来摆脱自己制造的困难局面，从而让自己免于遭受良心的谴责。

几乎在任何情况下，都是心灵的状态决定了我们的行为，每个人都应该为自身的心灵状态负责。在外部环境与我们的行为之间，始终存在的是我们自身的思想。正是自身的思想，而不是外部环境或者状况，最终决定了我们该做出怎样的行为。如果夏娃关于那棵苹果树以及树上果实的想法产生了变化，如果她对与此相关的问题得出了不同的结论，她就会做出完全不一样的行为。相同的情况对于亚当也是如此。真正起决定性作用的并不是蛇或者那棵苹果树的存在——虽然这些事物在这件事情的发展过程中起到了一定的作用——但真正做出最终心灵结论的，真正决定他们行为的，还是他们的心灵活动。因为只有他们自己才能够做出心灵结论，其他人都无法做到这一点。因此，只有他们可以为自己的行为负责。无论对于夏娃还是亚当，还是对于所有人来说，事实都是如此。无论关于亚当与夏娃的故事是可信的历史还是只是传说，这个例子都极清楚地展现了人性中普遍存在的弱点。

对于上面提到的那位写下借据的绅士，他在面对那种情况时，有可能遭遇官司纠纷。史密斯与那位木匠也面临着相同的情况。要是史密斯与那位绅士都未能控制自身的思想，他们可能会说："我对眼前出现的这些问题无须负责，这都是由他人造成的。"但在上面这两个例子里，我们可以看到他们都在努力地为自己负责，因为他们自己完全有能力扭转事情发展的方向，从而避免各自可能遭遇的灾难。每个人都会为自己做出的正确行为所获得的结果得到赞赏。在一个相同的基础之上，如果他因为错误的思想而让事情变得更加困难，并由此造成了不良的影响，他又能逃避得了他人的指责吗？

这就需要我们认真思考第二个被人们广泛误解的观点，还让我们对这种错误的观点所造成的错误行为有一番了解。

绝大多数人都会满怀热情地想要改变这个世界，但他们却从来都没有想过改变自己。每个人都觉得别人应该怎样做，并且尽自己最大的努力帮助别人去这样做，因为他们认同过去那些友好的教友派信徒的教条："除了你与我之外，其他人都是古怪的，而你也是有点儿古怪的。"在社会的各个方面，我们都可以看到这些改革家想办法避免任何会对人类产生影响的邪恶行为。我们建立了完整的政府体系，有法院和监狱将那些犯人限制在狭小的活动空间内，让他们无法出去干坏事，强迫他们去做好事。所有这些途径与手段显然都能有所收效，至少对于教育者本人来说会有帮助，而其背后的动机看上去也是非常"高尚"的。

事实上，任何人都无法改变他人，但是每个人都可以改变自己。通过这样的改变，他可以影响其他人，从而让他们作出改变。这样的改变归根结底是属于自己的工作，只能由自我来完成。当然，在这个过程中，人们可能得到他人明智的建议或者友好的帮助与鼓励，从而帮助自己以多样的方式做到自我改变。但即便如此，最本质与最重要的工作还是需要我们靠自己的努力去完成。这是因为思想本身就是最基本的工作，要是没有了自身的思想，我们什么事都做不了。我们不能代替他人去思考，就好比我们不能用他人的眼睛去观察这个世界。

之前例子所提到的老师完全可以责备那位助手的行为，但是他没有这样做，因为那样只会得到一个结果：激怒那位助手，让他原本已经烦躁的情绪变得更加恼怒。这位老师只是想着如何去改变自己的心灵状况，最后却成功影响到了那位助手对此的看法，从而让他实现了自我改变。

之前提到的那位木匠肯定是做错的一方，因为他没有按照合同的要求完成自己需要做的工作，所以他必然需要改正自己的错误。要是那位房子的主人走法律程序要求这位木匠完成他的工作，本匠也不得不这样做，但是这样根本无法给这位木匠带来任何有意义的改变。要是采取强迫的方式让木匠去完成工作，他根本不会对自己的行为进行反省，只会对房子的主人感到更加恼怒，让他在心灵与道德层面上都处于更加糟糕的状态。

在借据那个例子里，我们同样可以看到，要是通过法律途径，那位绅士可能也不需要支付那笔债务。但如果真的这样做，必然会激起各方的不满，也许还会给那位绅士带来严重的伤害。最后，我们可以看到，在绅士让自己始终保持和谐的心灵状态后，取得的效果是非常好的。

无论是在这些例子还是在生活中的许多情况下，这样的事实都是清晰可见的，那就是不管我们是否有意为之，我们没有表达出来的思想都会影响那些与我们接触的人，这会让我们用全新的眼光去看待思想的自我控制，也能够在我们和其他人相处的时候产生更大的价值。马克斯·穆勒就曾说："对我来说，唯一能够产生什么影响的东西，就是我所思考的东西、我所知道的东西以及我所相信的东西。"

　　这其中就包含着正确生活所具有的重要影响力。正如之前的例子已经清楚地表明了一点，那就是我们所过的生活，其实就是我们自身思想的一种表现。良好的思想就像太阳那样发出光芒，照在他人身上，这一切都是自然而然的，不需要我们刻意为之。因此，耶稣基督才会这样说："让你身上的光芒闪耀吧！"他并没有说："让自己发出光芒吧！"他的意思是，让你身上的光芒自然而然地闪耀出来，只要你身上还有这样的光芒，那么谁也阻挡不了。他人的建议或者帮助在这个过程中经常起到阻碍的作用。那些最优秀的人都是努力做自己的人。不管是对牧师还是俗人，衡量一个人所具有的影响力的标准，其实都可以从他是怎样一个人而不是他所说的话来判断。也许，他在做某件事情的时候根本就没有意识到这一点。

　　这也解释了耶稣基督具有那么广泛影响的原因，他不仅教导人们要过正确的生活，他自己也是这样做的。除此之外，他始终都保持着正确的思想，这也是最重要的原因。我们应该效仿他的做法，努力让自己保持正确的思想，这样我们也会逐渐变得具有影响力。

　　长久以来，人们一直认为，每个人都有权利按照自己的习惯去想一些事情，但这样的观点其实是不对的。从某种意义上说，一个人的思想在说出口之后，就并不单纯是属于他自己的了。我们都知道每个说话的人都可能说一些祝福他人或者诅咒他人的话，而要想收回这些说出去的话是不可能的。对我们的思想而言也是如此。每个人都不应该说出一些错误的话，也不应该让自己的心灵世界存在错误的思想。

就事实而言，每一种思想，不管这些思想的属性是什么，都会产生一些明确的结果，这样的结果往往是不以我们的意志为转移的。但是，我们可以通过对思想的控制来改变一些结果。"每一种关于疾病的思想，每一种关于恐惧、自我怀疑或者阴郁未来的想象，都会像传染病那样不断蔓延，让其他人的生活变得压抑。每一种仇恨的情感都会对那些谋杀者的行为产生真切的影响力。每一个严苛的评判都会让人感到严重的伤害。每一种自我怀疑或者绝望的想法都会让其他人难以承受肩上的重担，让他们无法相信未来能够变得更好。"

没错，任何一幅画都会有阴影的部分，但我们不应该将其过分夸大。毋庸置疑，每个人都应该为自己的言行负责。同理，他也应该为自己造成这些言行的思想负责。他应该以更加小心谨慎的方式去控制自己的思想，这甚至要比控制自身的行为更加重要。一幅画同样有其光明的一面。要是我们想要真正控制自身的行为，就应该从一开始控制我们的思想，因为这是更加容易的做法。更好的方法就是，我们应该沿着正确的方向去控制这些思想。在完成了这些步骤之后，最后的结果必然是可控的，人们再也不需要对此过分关注了，因为只要他的心灵是沿着正确的方向前进的，他基本上不会有大麻烦。

第三十五章　敏　感

　　敏感其实代表着一种心灵倾向，这样的倾向会让我们很容易受到外界事物、发生的事情或者某种状况的影响。当我们说某人很敏感的时候，其实就是说此人天生情感比较细腻，很容易受到外界的影响，外界发生的一点细微变化都会让他的心理情感发生改变。通常来说，虽然敏感这样的心灵倾向很容易受到世人的误解与谴责，但却是上帝赐给人类最重要的一种情感。正是视觉神经的高度敏感，才让我们能够用双眼清晰地观察这个世界。如果我们的视觉神经在敏感方面存在缺陷，就会让我们的视线出现模糊，如果视觉神经对外界事物完全没有了敏感的感知能力，我们就会说这个人已经双目失明了。视觉神经对事物的敏感程度越高，就说明我们越能够清晰地观察事物，并对此有深刻的理解。如果我们只是按照正常的方式对此加以运用，就需要我们用正确的思想进行指引。对每一种感知能力来说，都是如此。

　　如果我们想要获得更为广泛且深入的认知或者知识，缺乏这样的敏感能力是绝对不行的，这将让我们无法获得更大的成就。关于构成天才的因素，世人进行了诸多讨论，其中一个绝对不能排除的因素，就是这些人高度敏感，这些人所表现出来的敏感通常决定了他们的天才程度。

正是这样的敏感，让音乐家能够从一般人所无法感知的声音中听到了音乐的曲调。这样的敏感让他能够获得极为关键的信息，从而将一些在别人看来不可能抓住的音符写下来。这其中的差异就在于他们对声音的敏感程度上存在差别。当他们在指挥交响乐或者合唱团的时候，他们能够非常清楚地知道存在着哪些不足或者需要改进哪里，而一些外行的人可能还觉得这已经是一场完美无缺的音乐会了。敏锐的观察力对于乐队指挥来说是一种不可或缺的能力。

从另一方面看，也有一些人经常因为某些不和谐的思想而出现发狂的情况，他们甚至将自己感受到的痛苦视为一种自我优越的表现。他们在无意之中激起了同伴身上一些相似的不良心态，这样的恼怒心态就是他们自身思想的一种结果，而思考的过程其实与敏感处在截然不同的层面上。当他们将不和谐的思想赶出心灵的世界，他们就可以将这些不和谐思想所造成的不安与焦虑都排除出去。在这样做的过程中，他们可能依然能够感受到生活的愉悦。如果我们能够对双耳进行正确的训练，让其能够发现音符中出现的哪怕一丁点儿不完美的地方，那么在我们以正确的方式对思想进行控制的时候，是绝对不会为这些不完美的地方而感到痛苦的。我们的耳朵对声音越敏感，我们就能感到越多的乐趣，因为心智能够更好地感知音乐所带来的细腻美感，让人沉浸其中，感受到一种无尽的力量。

摆在我们眼前的问题是，心智是应该专注于音乐中某个音符存在的不足，从而将音乐本身的美感全部排除在心智世界之外，还是将那些不足排除出去，以便更好地享受音乐带来的美感？每个人都可以按照自己的意愿作出决定。如果他选择专注于那些不足的地方，那么他对音乐的不满意程度，就会与自身思想的属性和强烈程度成正比。如果他专注于音乐中的那些和谐旋律，那么他就能够感受到更多和谐的地方。无论是在面对痛苦还是愉悦的时候，敏感的性情都不过是受我们控制的一个仆人而已。如果我们的思想能够保持在一种正确的状态中，敏感就将为我们带来极大的帮助。这样的状况不仅存在于音乐的层面，几乎在我们面对每一种情形的时候，都是如此。

心理学家曾说，在一开始，我们无法理解很多信息所传递出来的意义，但随着自身经验的不断丰富，我们就可以毫不费力地理解这些信息所传递的意义，因为我们的感官神经能够自然而然地向我们传递这些意义。每个人天生都应该接受充分的教育，增强自身的感官能力，这样的教育对我们来说是极其重要的。在面对各种形态呈现出来的敏感时，我们也应该这样做，这其中就包括所有控制我们一时的微妙或者难以理解的功能。

当两个人初次见面的时候，他们可能会对对方形成第一印象，这样的印象通常都是通过眼观、耳闻或者握手产生的。通过这些交流与感知的途径，每个人都会对他人有所了解，认识到一些感知能力没有展现出来的情况。每个人都会产生许多这样的感知，这些感知的方向也是非常广泛的，但它们都具有相似的属性。通过进行对比、分析、组合或者审视，我们就能持续增强对这些事情的认知。在这一过程中，我们需要做的就是不断提升自己的感知能力。

与敏感这种性情共同存在的一个最重要因素，可以说就是源于这样一个事实，即心灵的态度通常会因为不和谐的思想而出现扭曲，从而让我们无法真正地对事情加以理解。当我们面对一些无法完全理解的事情时，通常都会让恐惧的情感将我们牢牢地控制住，然后在黑暗的角落里寻找邪恶的东西。这是我们绝对应该努力避免的。我们应该面向光明，只有这样才能通过各种途径去感知这些信息所具有的真实品格。一些人会将这些通过感知得出的信息视为一种"警告"。如果恐惧潜入了我们的心灵，必然会产生不和谐的思想，因此，那些错误的个人认知，通常都是因为恐惧的情感作用于整个人的身体系统，从而给我们带来了不良的影响。敏感之人经常会遭遇这样的结果，因为他们要比一般人遭受更多的伤害——不是因为那些所谓的"警告"而造成的，而是他们自身不和谐思想的强度不断增强所导致的。

我们应该非常清楚地认识到，那些通常认为敏感所造成的痛苦，其实并不是源于敏感或者我们对此的感知——不管我们对此有什么感知——而完全是源于我们自身的不和谐思想。因为自身缺乏足够的心灵控制能力，所以才让这些不和谐的思想进入我们心灵的世界当中。敏感与思想这两者有完全不同的属性，因为痛苦是源于不和谐的思想，而不是源于敏感本身，所以那些最为敏感的人完全可以对自己进行心灵的训练，将所有不和谐的思想全部赶出心灵的世界，从而避免遭受那些错误思想所带来的不良伤害。在这个过程中，我们不能将痛苦归结为敏感。与此同时，我们必须要充分保持和谐的心灵，只有这样，才能够让我们对事情有正确的看法。

虽然敏感的性情本身绝对不是一种邪恶或者劣势，但成千上万的人都经常对此加以谴责，他们之所以对此谴责，是因为其他人也喜欢这样做。很多人在做出了错误的行为之后，都喜欢找这样的借口去为自己或者他人开脱，说这是由自己或者他人过分敏感所造成的。还有不少人依然使用同样一个理由，认为自己不应该为犯下的错误承担责任。这些人的做法都是完全错误的。克利福德·厄尔布特博士就这个话题发表过睿智的言论，他说："认为对神经的过分兴奋是造成疾病的说法，是无比荒谬的。任何神经组织都不可能处于一种过分兴奋的状态。感到兴奋是神经本身所具有的功能。正是因为神经能够处于一种兴奋状态，赛马才与公驴形成鲜明的对比。我们的神经越容易处于兴奋状态，就说明我们人类的进化越是高级。"

如果一个人能够进行自我控制，那么他越是敏感，就越能够从这样的敏感性情中有所收获。当他对自身的思想进行恰当的培养，就可以不断地增强自己的这些优势。即便是某些看上去可能会引起疾病的极端情形，也没有例外。因为疾病是我们自身思想的结果，而不是敏感所造成的。我们将所有造成疾病的思想都赶出心灵，疾病就不会发生了，在这个过程中，敏感的程度丝毫不受影响。沿着正确的方向对思想进行控制，是非常重要的。因为其他感知所产生的不和谐思想是需要被我们立即赶出心灵世界的，只有这样，我们才能够让积极和谐的思想进入心灵。很多敏感之人其实是因为自身的恐惧，才表现出持续的犹豫行为，这阻挡着他们不敢去做一些重要的事情，从而影响他们的工作效率，反过来又让原本已经不堪重负的心灵增添了更多的不和谐思想。恐惧并不属于敏感的范畴，虽然恐惧的结果通常会被认为与敏感存在联系。当双眼看到了一个陌生的物体，我们应该将所有想要研究这个物体的恐惧感都消除掉。当我们通过全新的感知渠道去获得对某些事物的认识的时候，正是应该继续这样做。

当我们那双敏锐的眼睛能够比其他人看得更加清楚，知道前方可能存在更多障碍的时候，不会有人说我们有这样一双敏锐的眼睛是一件坏事。在这种情况下，我们应该认真研究可能遇到的障碍，从而为自己拥有这样的洞察力感到骄傲，因为这将给我们带来更多的欢乐与优势。所以，每个具有敏锐洞察力的人都应该首先祝贺一下自己，因为他应该为自己拥有这样的能力而感恩。

天生强壮的马能够从它敏锐的感知能力中收获良多，这也能够让它去做其他马所做不到的事情。如果这匹马落在一位毫无经验的骑师手中，他就可能轻易地毁掉这匹良马；但如果落在一位训练有素的骑师手上，这匹马就可能在赛马场上创造奇迹。如果赛马本身出现了什么状况，应该责备的是骑师，而不是赛马。对于人来说，道理也是如此。很多人所面临的困难，就在于他们缺乏足够的智慧，不能以恰当的方式进行自我控制。他们让自己的心智变得混乱，让各种不和谐的思想进入心灵的世界，从而毁掉了自己的生活，让身边的人也为此感到不安。在这之后，他们又将自己的错误归结为敏感的性情。

任何人都不应该错误地将敏感视为造成自私、嫉妒、羡慕或者自大的原因，因为敏感与这些品质是没有任何联系的。某人总是会因为一些自我臆想出来的场景而感到"受伤"，这可能因为他缺乏足够的洞察力以及注意力，于是他就将敏感视为造成这一切的幕后原因。但他真正应该做的，是用正确的眼光去看待嫉妒与自爱——而不是自尊——正是嫉妒等思想，摧毁了他的人生幸福。

敏感的性情被很多人贬斥为摧毁了很多人生活的罪魁祸首，认为谁都无法衡量敏感给这个世界带来的灾难。但是，我们需要明白的是，并不是敏感的性情造成了这一切，而是当事人放任不和谐与错误的思想在心灵中不断蔓延，最后才导致了恶果。之前一直被诅咒的敏感性情，其实对人类来说是一大祝福。每个人应该做的就是消除不和谐的思想，将自己从受害者的角色中解放出来，让自己成为一位胜利者，为自己能够拥有敏感的性情而感到骄傲与自豪。我们应该明智地使用敏感，就像利用任何一种优势那样，从而不断地提升自身的素质并帮助他人。如此，敏感将会变成一位无价的仆人。

第三十六章　怜　悯

　　在当今时代，很多人都会赞扬怜悯这种品质。为了对这个话题进行更加准确的讨论，我们非常有必要对怜悯一词所蕴含的意义进行研究，以便更好地了解其中所需要的要素。从字面的意思来看，怜悯一词的意思就是我们应该对他人感同身受，其中就包括我们应该对他人感受到的情感或者情绪有所了解，不管他们是感到愉悦还是痛苦。我们所持的这种敏感的洞察力可以帮助我们更好地理解他人所处的状况，无论是从生理、情感还是心灵层面上来看，我们都需要这样的洞察力去认知，否则根本无法实现这些目标。这并不只包括外在的事情以及周围所处的环境。我们不仅要有足够的能力去审视周围的环境，而且还要有足够的能力，以更加准确的目光去看待他人所处的环境以及经验。换言之，我们要站在他人的立场上看待问题，用他们的观点看待事情。所有具有价值的怜悯情感，从一开始就取决于我们敏锐的洞察力，以及能够让我们清楚看到他人所处位置的能力。在这个过程中，我们必须始终保持心灵的自我控制能力，只有这样，才能够避免任何不和谐的思想与情感进入我们的心灵，影响我们的正常生活。

接着，在我们对事情的状况有了深入的了解之后，就会产生一系列的心灵活动。无论面对的是什么事情，这两种活动——对状况的察觉活动以及取代这种活动的思想，就构成了这些活动的两个最基本的元素。我们必须确保心灵的活动能够沿着正确的方向前进，因为我们对事情状况的感知必须处于正确的方向上，正是这样的心灵活动造成了我们的行为，它可以对我们加以指引，让我们将事情做得更好。而错误的思想必然会让我们做出错误的行为，最终让我们痛苦不堪。

要是我们让自己对事情的认知扭曲了自身的想法，或者让自己盲目地陷入其中，就是完全错误的做法，因为我们对这些事情的看法可能根本无法帮助到他人。诚然，这是生活本身最重要的目标之一，不管其是否会影响或者伤害到我们的工作效率，因为如果我们沿着错误的方向前进，那么我们必然会犯下错误，给自己与别人造成伤害。

当我们看到一团火的时候，就会自然地意识到火会烧伤人，这样的想法能够迅速进入我们的心灵，从而让我们远离这团火。同样的道理，当我们在面对痛苦的情感时，也应该这样做，那就是将这些痛苦的情感赶出心灵的世界。这就是怜悯的本义。怜悯需要我们意识到自己所处的环境，让我们的心灵活动能够始终追随意识的脚步，而生理层面上的情感则受制于这些心灵活动的影响。所有这些活动都可能是自发出现的，其强烈的程度足以让我们的身体产生类似的活动。比方说，一位母亲看到自己孩子的手上出现伤口，她的怜悯心可能就会泛滥起来，最后仿佛看到自己的手上也出现了类似的伤口，虽然这一切只是她自己的想法而已。这种怜悯的想法是具有毁灭性影响的，因为这是在她看到那一幕之后，让心灵做出这样的想法与判断的。同样的道理也可以在一位主治医生的例子中得到体现。如果他放任恐惧的思想控制自己，那么这样的恐惧思想就会传染到病人身上。如果他在对病人进行手术的时候，让不良的思想填充心灵，他在准备做手术的时候，其实已经不适合继续做下去了，因为他所处的心灵状态必然会让他给病人带来灾难性的后果。

这绝对不是危言耸听。很多人都可以在学习骑车的例子中，感受到这样一个普遍性的道理。要是某人在练习骑车的时候，总是觉得自己可能会摔倒或者撞到别人，那么他必然会遇到这样的情况，即便他已经为此付出了巨大的努力。

相似的心灵活动在很多这样的情形下都可以看到。通常来说，怜悯之人会让自己的心智处于痛苦、不和谐或者危险的状态，而将其他所有美好积极的想法都赶走，从而达到让自己与被怜悯者相似的心灵状态。其实，这样做是完全错误的，因为这完全摧毁了他帮助被怜悯者的能力。很多人认为这样做才是怜悯的真正本意，而那些不能做到这些行为的人则是冷血与缺乏怜悯心的。也就是说，他们认为我们必须要与那些哭泣的人一起哭泣，与那些悲伤的人一起悲伤，与那些愤怒的人一起愤怒，或者与那些绝望的人一起绝望，总之，这些不和谐思想的名单还有很长。不幸的是，很多痛苦之人只有在他们得到了这样一种扭曲且有害的怜悯情感之后，才会感到无比满足。

这其实是一个严重的认识误区，因为它代表着一种不和谐的思想时，他们所付出的也是一种不和谐的怜悯情感，这种情感与其他所有不和谐的情感一样，始终会给我们带来伤害。除此之外，心智对心智所产生的影响是潜移默化的，当一方存在着不和谐的思想时，另一方也很容易受此影响。

为什么那些睿智的医生会欢迎某些拜访者去问候病人，而拒绝另一些拜访者呢？这是因为一些拜访者能够给病人带来真正的怜悯，让他们忘记自身的痛苦，让他们能够怀着愉悦的心情走上康复的道路，重新燃起他们心中的希望。而另一些拜访者则总是说着一些怜悯他们的话语，一脸悲伤的模样——这是最低级的怜悯，因为这就像一张湿漉漉的毛毯，让人感到压抑。受人欢迎的拜访者其实并没想要去怜悯病人，他对病人所处的环境有着深刻的洞察力，但是他绝对不允许那些不和谐的思想进入自己的心灵中。他对痛苦者的遭遇表现出善意与情感，但是却不会让痛苦者所感受到的痛苦影响到自己的生活。这才是正确的怜悯。这是人类所能够给予的最好的怜悯情感，而不是像很多人说的那样，是最糟糕的怜悯。这样的行为将有助于病人的恢复，而不是给他们带来伤害。

我们已经就怜悯与痛苦之间的关系作过阐述，但这只是怜悯的一种表现形式而已。从更宽泛的层面看，我们可以看到怜悯的情感其实触及了人类所有的行为，包括鼓励、激励、刺激人们前进，让我们将失败变为成功，将错误变为正确。无所畏惧的强者所表现出来的怜悯，能够让很多心灵软弱之人变得更加坚强，让那些绝望之人能够跨越怜悯之桥，重获希望与勇气。

无论是在家里、学校、办公室还是社交生活场所，或是在任何地方，真正的怜悯情感都能够给我们带来和谐的情感，增强我们的幸福感受。但是，我们需要注意的是，只有正确运用怜悯情感才能够起到这样的作用，因为情感层面上的怜悯往往是不受理智控制的，所以缺乏足够的辨别力，这就像是一件乐器奏出很糟糕的声音，只会让人感到不安与烦躁。

这种类型的怜悯情感能够从敏感中找到其根源，我们正确地加以使用的话，就是人与人之间成为朋友的重要纽带，让我们可以与他人形成良好的关系，做到人人为我、我为人人。要是我们不正确地使用，那么这个世界不过就是每个人叠加之后的一个整体，缺乏足够的连贯性，就像是海边的散沙一堆。

人性的展现取决于我们的怜悯之心，但这应该以低调的方式持续地展现出来。也许当我们第一次看到某人时，就会感受到一种平和与力量。当我们听到一个声音时，就会让我们的内心产生和谐的感觉。当那些内心充盈着爱意的人向他人展现这种怜悯情感的时候，谁能够估量这种怜悯情感所产生的影响呢？

有人说，除了爱，怜悯是人类心灵中最为神圣的情感。其实，我们应该这样说，真正的怜悯是一种始终都能够给人带来帮助的爱意。这种情感无论是在思想、言语或者行为上都是纯洁的，始终都能够提升我们，增强我们的力量。在面对这种充满爱意的怜悯时，我们始终都不能要求太多。我们应该大力倡导这种真正的怜悯情感，因为这种情感最后结出来的果实都是美好的。真正的怜悯已经帮助成千上万人重新回到健康幸福的生活，而那些不是出于爱意的怜悯情感，则必然会被恐惧以及各种邪恶的想法所占据，只能够给我们创造出毁灭性的情感，这让许多人最后走向了毁灭与死亡。

第三十七章　心理暗示

如果我们对人与人之间的关系中存在的元素进行分析的话，就可以发现一些微妙的元素，以及一些明显的心理暗示，会对人们的关系产生很重要的作用，而这样的影响几乎是具有普遍性的。当我们听到一位朋友发自内心地大笑，或者因为悲伤而愁眉苦脸的时候，即便是面对一位陌生人，我们都会做出与他们类似的表现。在这个过程中，我们一般都会忽视到底是什么原因造成了人们发出笑声或者流下眼泪，我们之所以会跟着朋友们做出这样的反应，其实在很大程度上，都是因为他们所表现出来的外在行为。这样的情况不仅能够通过行为、言语或者脸部的表情表现出来，而且能够通过没有表达出来的思想呈现出来。在一个房间里，某人下意识地打了一个哈欠，那么接下来房间里的其他人也会无意识地打起哈欠来。这个例子就可以反驳很多人宣称心理暗示毫无影响的言论。即便是那些心态最平和或者自控能力最强的人，也往往无法摆脱心理暗示所带来的影响。

当我们对某件事情举棋不定，处于犹豫的状态时，其他人带给我们的心理暗示通常都会成为一个转折点，影响我们做出决定。当人们知道了自己该往哪个方向前进的时候，往往都会陷入一种进退维谷的状态，此时他们通常需要从他人那里获得这样的心理暗示。这些场合出现的频率几乎超出了很多人的想象，因为在很多情况下，我们都没有留意到这些事情的发生。很多人根本没有意识到自己所处的心理状态，会让他们更容易受到他人的影响与控制，甚至有可能让他们完全臣服于他人的思想。他们认为自己在形成某个结论的时候，发挥了自己的判断力，其实他们始终都在寻找他人所给予的心理暗示，而这些心理暗示又影响着他们如何做出决定。即便当他们的确自己做出了最后的决定时，这样的结论依然成立。每个人在做出重要决定前，都应该收集各个方面的信息，在这个过程中，他们必然会收到这些信息所带来的心理暗示，从而在潜移默化之中影响自己的决定，虽然他本人可能对此毫无察觉。

每个人都应该对外界事物所传递出来的心理影响保持一种开放的态度，无论是对他人释放出来的个人的还是心理层面上的影响。当然，每个性情、气质或者经历不同的人，可能在对待心理暗示方面存在很大的差异，不过最后他们还是会将注意力集中在对自身思想的控制上。很多人在受到他人所给予的一丁点儿心理暗示之后，就会循着这样的方向前进。特别是对那些性情软弱之人来说，情况更是如此。他们软弱的性情就是造成他们为人软弱的根本原因。即便是对那些独立自主与内心强大的人来说，他们也会在很大程度上受制于自己的朋友或者熟人所带来的心理暗示，特别是对那些他们认为具有强大能力、丰富经验或者智慧的人，他们更容易受到这些人的话语或者言行的影响。那些软弱之人在对待一些事情的态度上是多变的，他们始终无法拿定主意。他们就好比是被那些心智平衡、自控制力强的人用一根长长的线牵着，始终受制于这些人所给予的心理暗示。但对于那些关系比较密切的两个人来说，这样的影响可能更加难以察觉，因为这种心理暗示的影响基本都在一些小事上体现出来了。即便如此，心理暗示的作用也并不一定需要我们去进行自我控制，因为每个人都会做出与他人给予的心理暗示相悖的事情。这样的事实也说明了一点，那就是即便是在最强烈的心理暗示的影响之下，人们依然能够对自我进行完全的控制。

那些能够对他人产生影响的人很有必要善用自己的影响力，因此，他们必须要进行强大的心灵控制，这样做不仅是为自己好，也能够让他人从中受益。最近一位作家这样说道："全世界成千上万的人，不，应该是数以百万计的可怜之人，可能会因为你的泪水而感到悲伤，也有可能会因为你那微笑的眼光而感到内心愉悦。"当然，这位作家的话可能带有浪漫主义的夸大色彩，但是所有真正明白的人，都会知道一句话、一个眼神或者一种没有表达但却积极的思想所具有的重要暗示意义。如果"一块鹅卵石能够在宇宙中最遥远的门廊里回响"的话，那么人的一个思想所起到的作用岂不是更加深远？

毋庸置疑，无论是对熟人还是对陌生人来说，告诉别人自己处于困境，始终都不是一件好事。当然，他实际上可能已经处在这样的困境当中了，但他说出这些话之后，往往会让他产生一种幻觉，而这样的幻觉则会唤醒他心智里的不和谐思想，从而增强之前的不和谐心态。没有人知道这样的思想会给他带来多大的伤害。要是我们能够将注意力集中在某些值得赞扬或者美好的品质或状态之上，我们就能够唤醒自身和谐的思想，从而更好地鼓舞自己，帮助自己克服所有让自己感到困难的事情。即便是在面对那些最糟糕的人的时候，我们依然可以保持这样良好的状态，特别是当某人已经养成了习惯去这样做。当我们不断地接受积极的心理暗示时，就能够不断感受到自身的优势；而当我们始终追随着那些让人压抑的心理暗示时，则会给我们带来无尽的伤害。

现在，很多人都已经认识到了一点，那就是积极的心理暗示不仅对人的健康有特殊的价值，而且对提升我们的道德标准也是非常有好处的。聪明的医生就会明白这一点，他会认为培养自信与愉悦的心态，其实就是他作为医生的职责，因为他的言行、脸上的表情以及说话的语气以及他整个人的行为举止，都会对病人产生一种心理暗示。他要做的就是尽量给病人传递出积极的心理暗示。

哈德森在谈到那些因为错误的心理暗示所引起的疾病时曾说，人类几乎有九成的疾病，都可以追溯到不良的心理暗示。

阿尔伯特·摩尔作为这个研究领域的科学权威，在他关于催眠方面的研究中也证实了哈德森的话语绝非危言耸听。他说："当人们确信自己从各个方面来看都出现了疾病的征兆，那么这些人必然是会得病的。我认为很多人都是被这种错误的心理暗示伤害到了。与其说他们是身体本身有病，还不如说他们是被错误的心理暗示毒害了。"

下面讲一个有意为之的心理暗示的例子，这个例子清楚地说明了错误的心理暗示会给人带来灾难。某个身体健康的年轻人在一家大型商店里工作，他的同事想跟他开一个"有意思的玩笑"。一天早上，他走在上班的路上，他的六位同事开始对他进行心理暗示。第一位同事与他愉快地交谈，询问了他有关健康或者其他的问题，然后说，这位年轻人的脸色似乎不是很好。对此，年轻人表现得很惊讶，说不可能吧。因为他昨晚睡得很好，吃了可口的早餐，感觉自己的身体棒极了。那位同事说，他的脸色不是很好，接下来有可能会出现头痛的情况。对此，年轻人给予了否定的回答。接下来，第二位同事也过来询问了与第一位同事类似的问题，只是他的语气更加肯定一些。对此，这位年轻人不再像回答第一位同事的时候那么自信了。在剩下的四位同事都询问了类似的问题之后，他对身体的自信感已经降到了一个很低的程度。最后一位同事用非常坚定的口气说他必然是身体出现了问题。终于，在轮番心理暗示的轰炸之下，这位年轻人相信自己的确是生病了。当他到达商店的时候，没有像往常那样正常地投入到工作中去，而是直接找到他的主管请假，说自己生病了，需要回家休养一下。接下来他在床上躺了两个星期，需要医生的护理。当然，如果他一开始就果断地拒绝一切不良的心理暗示，充分发挥自身强大的心灵自控能力，将所有负面的心理暗示都驱赶出去，这一切都不会发生。

但这样的情况并不单单限于商店员工之间的玩笑，类似的事情还有很多。亚瑟·斯科菲尔德医生曾说："两位医生一起走路，其中一个人说他可以只通过与别人说话，就能够让他生病。另一位医生对此表示质疑。看到农田上有一位农民，第一个说话的医生就走上前去，对这位农民说他的气色不是很好，然后表明自己的身份，说自己是医生，接着诊断出这位农民患上了某种'重病'。这位医生的话让农民感到晴天霹雳。没过多久，这位农民就感觉自己的身体很虚弱，整天躺在床上，不到一个星期就死去了。因此，这位农民的疾病根本就不是因为身体上的毛病所造成的。"

一篇关于催眠的文章指出，催眠只是心理暗示的一种极端表现形式，其实是由某些相似的基本原则所控制的，能够通过相似的心灵途径起作用，而这与心灵的自我控制并不完全相同。梅纳德医生就谈到了错误的催眠方式可能造成的危害与影响。他说："当一个人处于被催眠的状态时，他的心智就会在不受控制的状态下接受他人灌输给他的思想，之后这些思想就会被转变成行动。被催眠者可能会被灌输某种思想，诸如他无法抬起自己的手臂，无法睁开双眼，无法从椅子上站起来，或者无力迈过门槛，从而使其经历种种身体瘫痪的状况。在催眠之后，被催眠者发现自己的身子根本动不了，因为他的已经确信自己没有能力移动身体了。当人处于被催眠状态，即便他没有完全入睡，如果你递给他一杯水，告诉他这是一剂强效的泻药，那么被催眠者也依然会尝试，似乎这真的是一杯药……"

"在催眠的过程中或者与他人交往的时候，这样的思想并不需要被引入心智的世界里。这可能是源于我们的心智自发做出的行为，将注意力过分专注于某种感官上，从而出现的强烈情感。那些相信自己已经生病的人，必然会生病。其实，他的身体根本没有任何疾病，他之所以生病，是因为他想象着自己其实已经生病了。正如在催眠试验里，他可能会因为自我的心理暗示而出现消化不良、身体僵硬或者酗酒等情况——但是，一种有意识或者潜意识的固定思想可能是造成所有麻烦的根本原因。"

换言之，心智的改变——不管这样的改变是在催眠者的安静状况下做出来的，还是他们对某位朋友的言语暗示做出的反馈，或是因为某些外在行动或状况所产生的心理暗示，甚至是在自身的思考过程中出现的，然后得出了自己的结论——这些情况都让我们的身体结构以及心灵将一些并不真实的东西视为真实的。尽管这些所谓的事实只存在于当事人的思想当中，在现实中并不存在，这种情况依然会出现。

即便当我们怀着最好的心意，去对一位坐在窗前的人说："难道你不怕打开窗户会让你着凉吗？"都是错误的做法。说话者的语气越是诚恳，给别人造成的伤害就越大。按照梅纳德医生的观点，坐在窗前的那个人即便最后出现了感冒的情况，更多的也是因为朋友的这种心理暗示所造成的，而不是真正因为吹了风而着凉。因此，负面的心理暗示要比真实的情况给我们带来的伤害更加严重。我们坐在餐桌前吃饭聊天的时候，经常能听到有人说："我担心吃这些食物可能会伤害到你。"要是我们习惯性地受到这种负面的心理习惯的影响，这给我们带来的伤害要远远比食物本身的害处更大。在成千上万类似好心做坏事的情形里，我们都可以看到这样的结局。只要我们稍微回想一下自己的经历，就会发现这些情况几乎多得数不尽。

很多辛苦工作、深爱着自己孩子的母亲经常无微不至地关怀自己的孩子，她们始终提醒孩子不要着凉，不要光脚走路，不要过分兴奋。总之，她们在任何事情上都希望孩子们不要做一些不好的事情，但母亲们的这些行为与话语往往会给孩子造成严重的心理负担，让他们感到焦虑，最后只会导致他缺乏做事的能力，显得阴柔，容易生病，经常感到痛苦。类似的错误并不单纯是由母亲所造成的，还有他们的亲戚、朋友、熟人或者他们的错误思想，因为他们这些错误思想往往会造成错误的结果。这就解释了一点，那就是出身贫穷的孩子通常都身体很棒，能吃苦，要比那些富人的孩子更能够承担责任。因为这些穷人的母亲必须要努力挣钱养家糊口，她们根本没有时间去给孩子灌输一些错误的思想，所以他们的孩子能够逃过这些负面的心理暗示，从而比那些富人的孩子过上更加幸福的生活。

在这种联系中，有两件事情值得我们去注意。一件事就是，这样的原则对这两种情况都是适用的。正如梅纳德医生所说，如果心智的改变能够让我们患上这些疾病，那么如果我们怀着与此相反的心灵状态，就能够治愈之前出现的疾病。一位相信自己患上了消化不良症的人只吃一些最简单的食物，其他食物都不敢吃。一位女主人在招待他的时候，不断地对他说，任何在她餐桌上吃东西的人都不会受到伤害。最后，此人相信了女主人的话，吃了一顿原本他认为可能会给他带来伤害的丰盛晚餐，最后却什么事都没有。这样的经历改变了他的看法，让他消除了内心的恐惧，没过多久，困扰他好几年的消化不良症竟然治好了。我们还可以举出很多关于积极的心理暗示带来积极效果的例子。

另一点值得我们注意的，就是如果某人已经对心灵进行过科学的训练，将所有不和谐的心理暗示全部赶出心灵，绝对不让那些有害的种子在心灵中扎根，他就能够摆脱这些不良心理暗示所带来的伤害。但要想做到这一点，我们需要持之以恒地坚持，在这个过程中，需要我们具有能力与圆滑的技巧，因为很多人都确信自己是怀着好意去做事情的，他们表现得非常坦诚，但他们的言语或者行为却产生了很不好的影响。没人会否认他们的动机是好的，但是他们所使用的方法是错误的。他们完全相信自己所说的话，也真切地关心朋友的福祉。如果他们觉得自己的建议没有被朋友采纳，他们可能会很伤心。如果我们能够始终保持和谐的心灵，不让任何不和谐的思想进入心灵，那么这些建议就根本影响不了我们。

那些好心做坏事的人来到他们朋友所在的病房之后，通常都会对抱怨自己生病的朋友安慰几句。他们会对朋友表现出怜悯的情感，告诉他说脸色很差，用那些具有破坏力的"怜悯"去怜悯他。他们的这些行为只能加重朋友的病情。这些人在听到了自己的朋友患上重病之后，他们似乎都觉得非常高兴，因为他们觉得自己的怜悯之心终于可以派上用场了。如果他们知道了某些人死于类似的疾病，那么他们就会对那些患上同样疾病的朋友讲述这些事情。对患病之人的这些安慰话语，对那些沉浸其中的人来说，是一种很好的自我满足，他们将自己视为安慰他人的人，但从现实的角度来说，他们可以说是吸血鬼。

这样的习惯说明了一种不健康、病态的心灵状况。这种心理习惯的危害是极其大的，但很多时候却没有得到人们应有的谴责。无论是对好人还是坏人，我们都不应该向他们灌输这些不良的心理暗示。即便如此，很多认识到这些道理的人依然会不假思索地沉浸在这些不良的思想习惯当中，因为他们本身就已经受制于这些不良的心理习惯。我们该怎样以更好的方式去影响这些人呢？现在很多书籍都谈到了这种行为所带来的危害，但是如果人们真的努力控制自己的心灵，他们就应该做出进一步的努力。

如果我们从这种观点出发去看待，这样的心理暗示其实跟犯罪没有什么区别。我们都想要惩罚那些偷窃了他人财产的人，将那些用食物毒害他人的人视为谋杀犯，但是很多人毒害着他人的心灵，影响着他人的健康与幸福，却始终没有受到任何惩罚。如果可能的话，我们应该制定法律，禁止任何人向他人灌输错误的心理暗示，违反这一规定的人就要为他们的言行负责。但更好的做法应该是，每个人都应该为自己制定一条法则，让自己好好地遵守它。

如果我们习惯性地将阳光与健康的气息传播给身边的朋友，通过我们的言行举止、面部表情去传递积极的思想，必然能够让身边的朋友感到愉悦。如果我们建立起正确的心灵习惯，就能够在毫不费力的情况下处理好外界事物所传递的印象，我们的出现就能够给身边的人带来愉悦的心理暗示。

第三十八章　催眠的控制

　　虽然很多人对个人影响进行过广泛的讨论，但很多重要的事实依然尚未得到真实的理解，人们依然对这个话题存在着极端的看法。个人的影响力会以多种形态表现出来，有时能够让我们对他人进行积极的控制。在某个特定的时期以及特定的环境下，人们对个人的影响力进行了系统化的研究，但到目前为止，那些研究者依然没有对此达成一致。

　　研究这些现象的人，不管他们是否接受诸如通灵这些看似比较极端的现状，很快都会发现一点，那就是这个世界的确存在着除了言语、面部表情、手势等肢体动作之外，其他的交流思想与心灵活动的方式。一些人可能会否认这些情况的存在，认为这只是个人的臆想。但最近一位作家在进行科学研究之后，表达了这样的观点："思想能够以安静且微妙的方式从一个人的心智传递到另一个人的心智。只要人有思想活动，无论他的这些思想多么隐秘，都可以影响到其他人。"

　　绝大多数人都会受到他人话语所带来的心理暗示，但是还有一种更为微妙且难以察觉的影响。这种比较特殊的个人影响拥有多样的名称，过去人们将其称为催眠术或者动物磁性，最近则称之为催眠。按照当代一些权威的解释，这样的影响可以通过言语或者非言语的方式对被催眠者进行思想控制。我们根本不知道在日常生活中，这种情况出现的频率有多高，因为很多人根本没有意识到这些事情发生在自己身上，或者根本不知道它的过程是怎样的。通过催眠的手段，一些人可以完全控制他人的想法，让被催眠者按照他们的意愿去做事。至于我们对各种形态的心理暗示是否具有抵抗的机制，仍是一个重要的问题。

很多人的心理习惯都容易受到自身思想的直接控制，除非我们的思想脱离了原先的轨道。某些人可能受到一些放纵思想的控制，不管是不是单纯的毫无目标的幻想，或多或少都与我们对所处环境的感知相关，诸如对光线、色彩或者声音等方面的感知。这种自我暗示的心理活动往往源于我们对过去一些经历的记忆。那些具有暗示性的话语，或者某个人的出现，都会给我们带来这些心理暗示。这些心理活动可能是让人感到愉悦的，或者在某种程度上让人沉醉，抑或让我们对某些剧烈的疼痛或者不安感到不适。所有这些心理暗示都是有害的，沉湎于这些心理暗示要比单纯地浪费时间更加糟糕。

我们可以非常清楚地看到，如果我们的思想完全不受控制，处于一种毫无目标、随意的状态，就会给我们带来糟糕的结果。幸运的是，并不是所有的思想都属于这种类型。绝大多数人都会受到不受指引的思想的控制，让他们去追求一些让人感到愉悦的事物，因为每个人都真心想要追求一些他们认为能够提升生活状态的事情，想要获得一些成就。这样的思想状态依然都追随着强烈的行为倾向，而不是我们有意为之的行为。但是，那些自认为可以对这种思想进行完全控制的人，就像是站在一块牢固的基石之上，没有人能够动摇他。他可以按照自身的意志去指引思想，按照自己的意愿去选择是否服从某种心理暗示。他意识到自己的每一个想法，而不是像风向标那样随时受到他人的影响。

当一个人处于深度催眠状态时，他最为显著的一个特点就是，正常的心理能量遭受压制，处于一种停滞的状态，或者处于一种盲目顺从的状态，所以心智会在不加质疑的情况下接受外界灌输的心理暗示，按照它的指引去做事。因此，当一个人的思想受到控制时，他的行为也就同样被控制。一个处在被催眠状态下的人其实就失去了自由，因为他已经放弃了对自身心智的控制，放弃了自己珍贵的自由。他完全成了他人的奴隶，所以他再也不是原来的那个他了，而是成了一个机器、一个傀儡，只能按照他人的指引去做事，完全丧失了主观能动性，失去了个人的选择与自身的意志。

他人牢牢地将我们控制，从而让我们失去了自我的行为，其实就是一种犯罪，而那些允许他人这样做的人其实也是罪人。因为如果没有当事人的允许，任何人都是不可能这样做的。自杀的行为可能很糟糕，但让自己的心智受到他人的控制，不过是一种慢性自杀，因为他甘愿让自我处于一种消极的状态。其实从他受人控制的时候开始，他就成为一具行尸走肉。最糟糕的时刻就是这样的情况一直持续到他"苏醒的时刻"。当他从催眠的状态中苏醒过来，他的行为有时会受到催眠过程中他人所给予的心理暗示的控制。当我们对此有所了解之后，几乎很难判断这些被催眠者在日后的生活中，会在多大程度上受到这些心理暗示的影响。

　　只有当一个人习惯性地允许自身心智接受某种特殊外在环境的指引时，这种催眠的状态及其结果才可能出现，因此，这样的人很容易成为催眠师的猎物，因为这些催眠师的成功往往取决于他们对被催眠者的控制能力。自我控制与随波逐流的想法是两种极端的状态，不可能在一个人身上同时出现。这两种状态的鲜明对比说明了一点，那就是前者具有很大的优势，而后者则往往让自己置身于一种困境当中。如果心灵的自我控制让人感到愉悦，我们就应该持续地保持这样的状态，绝对不能因为沉湎于自我放逐的思想而将其削弱。当我们按照之前的内容去对心灵状态进行训练，就能够让我们在面对任何类型的心理暗示时，都能够对这些心理暗示进行审查，了解这些心理暗示的本质属性。之后，当事人就可以按照自身的理解、选择与判断力进行甄别，再决定允许哪些心理暗示进入自己的心灵世界。如果一个人能够有目的地控制自身的思想，直到这些心理成为一种习惯，这种习惯就会在一种自然而然的状态之下，帮助我们沿着自己想要的方向前进。每个人所处的心理状态都应该根据自身的意愿呈现出来，也应该处于一种绝对受到控制的状态中。因此，催眠过程中的心理暗示就对这样的人起不到任何作用，因为他对这些影响是免疫的。

　　那些养成了对自身思想进行控制的习惯的人，不仅不会受到察觉得到的外界心灵控制的影响，而且能让那些自身察觉不到的心理暗示，受制于习惯性的自我心理控制，而不让其他人影响到自己的思想。这就意味着习惯的能量是非常强大的，即便一个人在面对一些察觉不到的心理暗示时，依然能够按照自己的选择去决定。只有这样的人才是自由的。

这样的心理习惯不仅能够有效地让我们免于各种催眠式的心理暗示，而且能够让我们远离各种不恰当或者有害的外在个人影响。那些能够控制自己思想的人才能像居住在坚不可摧的城堡中，抵抗住所有外来的袭击，而不管这些袭击是柔和的还是猛烈的，都始终无法攻破我们的心灵大门。身体强壮的人只有在成功地控制了自身的思想之后，才能够感受到自信。任何身体羸弱之人都不应该为身体的问题感到恐惧，因为身体的强壮与软弱不是其中最重要的因素。即便当我们在没有运用这种身体能量的时候，也可以让自己保持完美的心灵控制，从而确保自己获得彻底的自由。

第三十九章　环境的影响

　　一般人都会持这样的观点，即人类在很大程度上受制于他们所处的环境，无论是在生理层面还是心理层面上，都是环境或者自身所处状况以及他们所感知的心理暗示的产物。诚然，人类所处的某一种特定的状态，的确会受到环境的影响，从而影响到他做出的决定或者自身的发展。但是倘若我们对前面所提到的原则稍加留意的话，就会发现这样的说法并不是完全正确的，因为人类并不一定会完全受制于环境的影响，人类完全可以从环境的影响中独立出来，成为自己的主人，主宰自己的每一个行为。如果我们对历史上的一些人物进行认真研究，就会发现即便是那些对这些原则持怀疑态度的人，都会觉得过分强调环境的因素并不是明智的做法。

　　很多人都会说，气候在很大程度上会影响到生活在不同区域的人的心态，但真正造成我们在品格层面上差异的原因，并不是气候的问题，而是个体的原因。以英国为例。当代英国的气候与一个世纪之前几乎没有什么区别，如果真的说有什么变化，也只是非常轻微的变化，根本不足以造成过去一百年里英国人在品格方面发生的巨大变化。难道有人会说这就是人类发展的一个例子吗？没错，这的确是属于人类发展的一种表现，但是这种发展并不是因为气候的变化，而是因为人类的心灵思考方式出现了改变。只有当人类的心灵思考方式出现了变化，人类的品格才会出现变化。因此，这其实与气候的关系并不是很大。

正是思想方式的变化才让当代的欧洲与恺撒那个时代的欧洲出现了根本性的变化，气候或者环境的变化乃至自然环境的变化，其实都不足以改变人类的心灵。在人类历史上，我们可以看到许多人凭借自身的努力战胜所处的环境，通过人类的智慧发明一些手段与工具，去改变环境原来的面貌。这样的事实可以从欧洲的历史变迁的过程得到验证。

如果我们认真审视一下古希腊与古罗马时代所取得的各种不同的进步，就可以窥见一二。在那个人类的早期时代，纵观古希腊与古罗马的巅峰时期、衰落时期以及当今时代——每个时代都会表现出与另外一个时代截然不同的人文面貌。正是人类思想的改变才导致了这些变革，而环境的变化所起到的作用，几乎可以说是微乎其微。

在古埃及法老依然作威作福的那个时代，他头顶上的太阳以及他所呼吸的空气，土地上的土壤以及水源的成分，其实都与今天这个时代没有什么区别，但是现在的统治者与古埃及时代的法老出现了多大的变化！他们处在统治巅峰的时候，所处的环境其实与今天的环境大体相似，但是过去那个时代的思想早已灰飞烟灭。从那个古老的时代到今天这个时代，在整个过程中，我们可以看到，真正推动着人类变革的并不是气候的变化，而是人类思想的不断更新与进步。巴比伦与亚述这两个王国的历史也完全可以证明这样的观点。

美国的印第安人在这片大陆上已经生活了数个世纪，但是他们却没有像白人那样沿着相同的发展道路前进，而是选择让自己完全受制于环境的束缚。可以说，在数百年前，印第安人所面临的气候环境与现在人们所面临的气候环境几乎没有什么区别，但是这片大陆不断有新移民的加入，从而改变了它原本的面貌。所以说，真正发生改变的，其实是人类的心灵与思想方式，而不是环境本身。印第安人与这些移民者之间的差异，其实就是他们思想之间的差异。移民者带来了全新的思想，他们拥有梦想，更希望能够在这片全新的大陆上有所作为。正是这些新移民的到来，才开始真正改变美洲大陆原先的面貌。而之前在这片大陆上生活了数百年的印第安人，几乎没怎么改变这片大陆的风貌，其中的差异就在于印第安人让自己受制于环境的影响。

居住在美国西南部地区的人也开始做出第二个改变。该地区一开始是西班牙人的居住区，后来才成为新英格兰人聚居的地方。这种状况首先带来的一个改变，完全是由西班牙人做到的。在过去七十五年里，我们已经看到该地区发生了翻天覆地的变化。在此期间，该地区的气候没有发生什么变化，反而因为全新的移民到了这里，带来了全新的思想。气候的变化并不会改变或者创造出这三种截然不同的人类文明。改变之所以发生，几乎完全是由思想本身的力量所驱动的。因为人类有怎样的思想，必然会导致人类做出怎样的行为。从人类的远古时代到现在，气候的变化其实都不大，但是人类在不断的发展过程中却不断发展了自己的思想，通过让思想控制自己，从而战胜了自己所处的环境，即便自然本身的面貌发生了一些变化，人类也还是能够在思想的指引下战而胜之。

诚然，美洲大陆的环境与哥伦布首次踏上这片土地的那个时代相比，已经发生了翻天覆地的变化，但是这样的变化完全是因为人类在这一段历史过程中改变了自身的思想，然后按照自身的思想采取一系列的行动，从而改变自己所处的环境。人类通过建造房屋、制造供暖设备等手段让居住环境的温度发生了变化。人类还通过砍伐树木、人为地建造灌溉的沟渠改变土壤的成分，从而改变气候的状况。但是，这些改变都是人类按照自身意志的指引，通过工具进行的。在这个过程中，自然几乎没有给予我们任何帮助，有的只是人类对自身思想做出的反馈。

如果我们对此进行正确的思考，就会发现历史已经为我们展现了这样的事实，那就是心智发生变化、改变或者自我控制的程度，与外界环境的关系其实并不大，在更多的时候还是受制于自身的思想。我们必须承认一点，那就是即便在严寒的气候或者在土地贫瘠等环境占据主导地位的地方，人类也能够在很大程度上按照自己的心智对此作出改变，并且努力克服这些困难。亚利桑那州与新墨西哥州的酸性土地，与古巴比伦或者亚述的土地都是差不多的，都属于酸性土壤，但后来经过农业灌溉手段进行人为的改变，最终都变成了肥沃的土壤。之前被我们视为荒凉之地的大西部，现在都已经变成了一望无际的肥沃原野。

这样的例子通俗明了。人类历史上这样的例子几乎数不胜数，在人类面对环境或者某一个特定的地方时，都可以看出人类有能力按照自身的思想对其进行改造，而根本不需要屈服于这样的环境。思想是一种初始的行为，这也是人类所有行动的一切前提。在面对任何外在环境或者事情与身体活动之间，必然存在着个人的思想。真正决定我们做出怎样行为或者举止的原因，根本就不是外在的环境或者所发生的事情，而是我们自身的思想。所以，我们必须明白这样的道理。正如人们经常说的，这样的思想几乎完全受到人的控制，因此，人类本身才应该为最终的结果负责，不管这样的结果是好是坏，都与人类自身的思想息息相关，而与我们所处的环境关系不大。

很多人会说，他们所处的某些环境会迫使他们不得不做出某些行为，这样的说法看上去是真实的。但这样的说法之所以"真实"，是因为这些人首先允许了心灵这样去做。任何看上去能够改变人类想法的环境，其实都可以通过恰当的心灵活动进行克服，我们面对的所有困难也可以通过自我的控制加以避免。

世人都努力地为自身的失败或者所处的恶劣环境找借口，他们将这样的失败或者不足归咎于自身所处的环境。这样的借口几乎可以被我们用到一切事物上——不但是人类本身，还涉及动物、没有生命的事物或者一些最琐碎的事情。很多人都将失败归因于他人或者他物，似乎与自己没有任何关系。他们认为对于失败，气候要负很大的责任，认为天上的星星也要为我们错误的行为负责。

诚然，外界的事情或者状况会引发我们一连串的想法，但对不同的人来说，其引发的想法是完全不一样的，完全取决于当事人的思想习惯以及他们所持的观点。但是，我们绝对没有必要让自己受制于这些外界的心理暗示。每个人都可以努力地控制自己的思想。除此之外，每个人都可以学会如何更好地控制自己的思想，从而将一些错误的思想排除在心灵王国之外，而将任何毫无价值或者有害的思想都赶出去。所有这一切都是每个人可以做到的。

这就是自我活动。正如哈利斯教授所说的："自我活动是我们每个人区别于他人的本质之处，因为自我活动并不会从所处的环境中吸收任何决定其行为的因素，而是以自身的心灵作为源泉，然后以情感、意愿与思想表达出来。"除了自我活动之外的其他活动，都是应该被我们摒弃的。只有这样，人类才能够摆脱环境套在他身上的枷锁。任何人都不可能被环境逼迫去做某些事情，如果他真的这样去做了，可以肯定的是，他首先允许了这样的思想存在于自己心灵的世界中。

如果这一原则的论述正确的话，那么外界的心理暗示、状况、时间或者事物都不可能决定一个人该做出怎样的行为，除非他本人首先在心理层面上允许了这些思想的存在。每个人身边的任何人或者任何事物给他带来的影响，其实都不足以改变他的行为方向，因为只有他自己才能决定自己到底该朝着什么方向前进。在这个过程当中，心智的地位是最高的，甚至比思想的地位还高，正是心智的活动决定了每个人该做出怎样的行为。

真正给我们带来伤害的，永远都不会是外界的事物，而是我们自身的思想。那些坐在餐桌前什么都不吃的消化不良的人，是不会因为吃了某样食物就受到伤害的。毒药不会杀死那些没有喝毒药的人。我们听到他人的话语或者看到他们做出的行为——这些都属于外界事物所传递出来的心理暗示——从本质上都属于外部环境的问题，这些事情原本是不会给我们造成什么伤害的，除非这些外界的心理暗示能够在我们的心灵世界里扎根落脚，才有可能给我们带来伤害。至于这些外界的心理暗示是否能够在我们的心灵里扎根，则取决于当事人的心理自我控制能力。其他人所说的话可能对听者而言没有任何作用，或者这些人所说的话根本无法被他人听到，但是这些言语是否会对听者产生影响，就取决于听者的自身思想。每个人都可以对他人的想法无动于衷，丝毫不受他们的思想影响，除非他让自己的思想活动与他人的思想活动保持一致。做出这种选择的人是我们自己，而这样的选择本身就是他做出的行为。

人们对这些原则有多么深刻的理解或者对这些行为的方法有多少研究，或者他们的情感或出发点有多么善意，其实都没什么用，只有当他真正利用每一个机会去践行这些原则与方法，在现实生活中好好地实践时，才有可能真正做到。如果我们的心灵受制于某些闪过心灵的随意思想，我们将会一事无成。如果我们允许任何与自身想法相悖的思想存在于心灵的世界，这样做对我们就是有害的。这些思想都是非常容易转变的，因为它们本身就具有多变的属性。所以，我们应该养成果决的思想习惯，基于某个坚定的信念去做事情，只有这样才有可能获得良好的结果。

只有我们始终坚持正确的思想，才有可能真正战胜自己所处的环境，不让所处环境传递出来的心理暗示给自己带来伤害。我们可以通过很多方式做到这一点，所有的这些方式都会指向更加广阔的世界，这个世界是我们可以触摸的，同时也是其他人所无法触及的。一个人对天气的态度也是如此。诸如气候、气流、双脚湿了、衣服湿了或者其他很细微的状况，都有可能给那些整天担惊受怕的人带来疾病，但是其他一些心智坚强的人则不会受到影响。一个人能够抵抗狂风暴雨，即便他浑身湿透了，都可能没有任何不良的影响；而对其他一些人来说，如果他们赤脚踩在湿地板上，就觉得自己有可能会患上感冒。不同的人在面对这些情形时，之所以会引出不同的结果，就因为他们所持的心灵态度不一样。这一事实，可以从许多人通过改变自身的思想习惯而改变了心灵的桎梏，从而获得自由的例子中得到证实。如果某人能够做到这一点，那么其他人也同样能够做到。如果某些人能够在逆境中做到，那就有人能在看上去更加难以突破的逆境中做到。人类在打破逆境对人的限制方面，是没有极限可言的。

这并不是说，所有的生理状况都完全受到人的控制。岩石砸到人身上，就可能要了他的命；火会将人烧死；冰霜会将他冻死；水可能会将他淹死。人之所以会面对这些情形，是因为他已经甘愿让自己受制于自然环境的一些恶劣影响，没有想过要去躲避或者加以克服。但这些现实的经验说明了一点，即人在某些环境下是自己的主人，这就给人进一步提升自己的控制范围提供了可能性。当我们已经养成了自我控制的习惯，就会对心智的能量有更加深刻的了解，知道心灵的原则是如何去帮助我们摆脱环境的束缚，从而让我们置身于《创世记》第一章人类被创造时的位置上，在那种情形下，人类就是地球上所有事物的控制者。

要是所有人都能够充分发挥他们与生俱来的权利，都能够做到完全控制自己的心灵，谁能够想象人类会面临怎样的环境呢？人类是成为他们所处环境的傀儡，还是超越环境这个物理世界加在我们身上的桎梏，完全取决于我们自身。这是对当代与过去的观点的一种颠覆。不过，当我们将精确的理智运用到控制人类自身行为的原则之上，我们就完全有可能战胜那些现在被认为是不可战胜的外在环境，就好比人类最天马行空的预言家都不敢想象的事情最终变成了现实。这就是我们在 20 世纪应该去做的工作。

第四十章　每个人都需要为自身负责

很多人认为，在当前的社会环境中，无辜之人通常会承受痛苦，这是因为邪恶之人做出的许多行为都被视为是理所当然的，虽然这些行为会让人觉得非常不公平。现在，我们从一种不同的角度对这样的观点进行阐述。正确的理智必须要有正确的原则论述作为依据，还有依照逻辑的原理，并且完全符合这些原则的论述，否则这样的理智就代表依照的是错误的思想。我们通过这样严谨的理智活动得出的结论，可能与所有的感知得出的结论存在直接的冲突。甚至于说，我们理智得出的结论看上去是无比荒谬的。但是这并不能在任何程度上削弱这种论述的精确性。当我们在对真理的原则作进一步阐述时，都会听到有人这样说："这赤裸裸地伤害了我们的感情，谁能够承受呢？"

我们都已经知道，思想活动是首先出现的，而外部发生的事情或者状况则会通过意识让我们去感知，不管外部环境以怎样的形态或者强度出现，我们都可以通过对思想进行控制，来摆脱环境给我们带来的这种限制。思想者本人可以立即将之前的错误思想赶出心灵的世界，用一种全然不同的思想进行替代。我们通过很多例子都看到了这样的情况，即很多活动所具有的属性都是与思想本身的属性一致的。因此，这些活动与产生它们的根源是一致的，都属于当事人自己。因此，产生结果的行为与状况都是可以由当事人进行改变与指引的。这就让我们每个人要为个人的行为与所处的状况负责，还要为这些行为所带来的结果负责，因为这一切的始作俑者都是我们自己。谁也不能替代我们肩负起这份责任。

事实上，一些人无法控制自身思想的行为并不能改变这一基本的论述，也不能改变我们所运用的理智，更不能推翻我们之前得出的结论。因此，这些人无法放弃他们所要承担的责任。每个人都可以按照自身的选择去改变自己的思想。不论他们要追寻怎样的道路，最终都是属于当事人自身的行为。那些看到火车轰隆隆地驶过来，却没有急忙躲闪的人，必须要为最终的后果负责。任何人都不会将这样的过错算到驾驶员或者工程师身上。此人之所以遭受这样的结果，完全是咎由自取，因为他自身的思想与他做出的行为让他站在驾驶员的视线盲区，从而造成最后惨烈的后果。如果他的思想与行为与此不同，结果可能就不是这样的了。

诚然，在这个人进行思考的时候，他忽视了一些最基本的元素，但这并不能改变之前所提到的基本原则，因为不管我们对事物有着深刻的理解还是一无所知，都无法改变这样一个基本事实。这一切的根源都是当事人本身无法做出恰当的行为所导致的。即便他的无知可能是由于之前一些事情所造成的，但这也不是借口。那位驾驶员根本就不应该为那一位因为无知而走上铁轨的人负责，因为他根本不知道还有人会这样做。有这样一句古话："法则不会放过任何忽视它的人。"
这句话生动地阐述了这样的原则，也完全可以运用到有关法律事务的
例子当中。事实上，这样的原则几乎可以运用到很多方面。

在自身的思考与最后让人觉得不满的结果之间，我们需要耗费许
多时间，还需要对环境有深入的理解。虽然这样的事实更能让我们发
现自身错误的思想——因为正是这样的思想才导致我们做出了错误的
行为——但也不能改变上面提到的原则，也不能成为我们推卸自身责
任的借口。这只能进一步强调我们用正确的方式解决某些特定问题的
必要性。

有人可能会说，遗传的法则往往会将父亲的罪孽遗传到他们的孩
子身上。假设事实真的如此，那些天生残疾的孩子并不需要为自己一
出生就要面对这样的缺陷负责，而那些因为父母酗酒而处于饥饿状态
的孩子也不需要为自己面对这样的状况负责——没错，假设在很多情
况下，在孩子能够承担责任之前，他们所面临的很多痛苦都是父母造
成的——但这些事实都是例外，因为他们所处的状况都是属于一种意
外。即便遗传的法则真的成立，这样的原则同样是适用的，因为他们
所处的状况是自身思考的结果，虽然这样的思考可能只是出现在他们
的祖先身上。孩子的思考在很早的时候就开始了，并且随着年龄的增
长逐渐加强。当他到了承担责任的年龄，就应该为自己负责。所以
说，当孩子成年之后，他必须要为自己的错误思想所导致的痛苦负全
部责任。也有可能是，他从小没有接受过思想控制的教育，所以他对
自己所遭遇的不幸显得非常无知。但即便如此，他也不能拿这样的借
口为自己的罪行开脱。不论一个人在出生的时候遗传了怎样的倾向，

他始终都有能力去通过改变自身的思想，来改变这样的遗传倾向。

证明这个观点的例子可以用这样一个事实展现出来，绝大多数的伟大英雄或者改革家都出生于贫穷的家庭。耶稣基督也不例外。他出生的家庭几乎没有任何背景，接受的教育也不是很多，在他的成长道路上几乎没有得到什么人的帮助。他见到过一些抄写员、道德家与牧师，但是这些人并没有实施过任何真正的改革，虽然他们总是试图在修补个人与社会存在的缺陷，每天都在为所谓的社会与道德的福祉进行努力。耶稣从未在学校里接受过正规的教育，他甚至算不上那个社会的精英阶层。但是，他最终却引导着世人前进。他不像那些接受过某种教育的牧师，却能够阐述一些变化的原则，持续地改变着全世界的宗教与道德，直到世人认可他的教义。难道他真的拥有某种超自然的神奇能力吗？在这些方面，穆罕默德的人生与耶稣有着类似的遭遇，难道他也拥有某种超自然的神奇能力吗？很多伟大的改革家都是出生在贫穷与没有什么背景的家庭里。

从人类的早期开始，人们就习惯性地将自身的错误、失败、灾难或者罪行归咎于他人，说这些人没有很好地完成他们的工作，才导致了这样的结果。世人几乎都有一种倾向，就是喜欢将自身的错误归咎于他人，这似乎就是人性的典型特点。这样的错误激发了人类许多错误的思想，让他们将这样的错误思想不断延续下来。

贤妻良母通常会将自己感受到的错误归结为丈夫做出的错误行为，但事实上，正是她的错误思想让她陷入了今天的境地。我们可以清楚地看到，不管是所处的环境还是另一个人所做出的行为，都只能起到一种次要的作用，真正能够给我们身心带来影响的，只有我们自己的思想。她的丈夫可能是个酒鬼，在他们结婚前的几年，她可能就已经知道了这样的事实，但她却觉得偶尔喝上几杯没有什么大问题，或者认为这是展现男子气概的一种优秀品质。丈夫的冷落行为或者拳打脚踢给她带来的痛苦，是因为她在结婚之前就抱着错误的思想，也许是因为昨天的一个错误思想，也许是几年前做出的一个错误决定，她才让自己身处这样一种境地。她之所以感到痛苦，是因为她给了丈夫给自己带来痛苦的机会。如果她之前能够有不一样的想法，她的人生就会变得不一样，日后她所感受到的痛苦，可能就永远都不会发生。

但她面临的状况可能比这更加严重。虽然丈夫做了一些最坏的事情，但她所感受到的痛苦还是源于她自身的思想，因为这才符合自然的法则。她完全有能力改变这种思想，将所有关于丈夫的不良行为所带来的负面的心理暗示都排除出心灵的世界，要是她能够做到这一点，这将改变她对人生的看法，学会从身体与心灵两个层面上看待事情。心灵所承受的痛苦一般都是不会发生的，除非我们允许自我感受到这样的痛苦。当我们遭受打击的时候，如果没有出现心灵上的不和谐，我们也不会感受到多少身体层面上的疼痛。这才是我们最终所持的观点，而这也是一个正确的观点。

因为每个人都培养了一些一辈子都难以改变的习惯，在这些情况下，我们很容易在心灵层面上滋生一种错误的倾向，那就是谴责或者责骂那些犯错的丈夫，并且对丈夫不抱任何期望。在这种情况下，爱意很快就会从心中消失，痛苦则会逐渐占据原先的位置。相反，如果妻子能够努力进行心灵的自我控制，始终让自己远离批评或者谴责的态度，让自己看到丈夫的优点，并且始终相信一点，那就是丈夫会回到正确的轨道上，重新确立他的男子气概，那么她将不仅能够改变自身所处的状态，而且还能够在成功改造丈夫方面收到回报。这就好比一位老师在一些小事上的表现，可能会影响到孩子们日后的重要行为一样。控制岩石下坠的法则同样控制着地球的运转。她应该将心灵世界里所有不和谐的思想全部消除掉，用和谐的思想取而代之，然后按照改变自身的强烈意愿去做，只有这样，她才能够改变自己的丈夫。这是一件容易的事情吗？回答是否定的。但任何值得我们去做的事情，都是需要我们持续地耗费心血的。

因为真正为了实现这样的目标而进行心灵训练的人其实不多，但这样的情况也不能改变这样的事实。今天这个时代的电流与一个世纪前的电流是一样的，但是如果人类不去使用电流为我们服务的话，那绝对不是电流的错，而是我们人类自身的错误。

我们在这里所提出的原则，绝对不是要宽恕那些犯了错的人。那些骗子、小偷、谋杀犯以及所有做了邪恶事情的人，都必须要为自己的行为负全责，他们是绝对不可能逃脱自身所带来的后果的。无论受害者身上背负了多么沉重的负担，他人都没有任何借口去做错误的事情。每个人都应该避免去做一些必然会带来因果的行为，只有这样，才能够避免最后遭受惩罚。每个人其实都是受害者，他们所感受到的痛苦源于自己双手的所作所为，在于他们的错误思想，而这些错误的思想又决定了他们做出的错误行为。

这是一条很难接受的信条吗？不是。因为这一信条的不可改变性就已经说明了一点，那就是错误与痛苦原本是可以避免的。这一信条的不可改变性正是其美德，而不是其缺陷。二乘以二等于四，无论是在算术还是在道德的层面上，法则都会始终按照相同的方式运转。真正需要我们去做的就是认识到这样的法则，然后遵照这样的法则去做事。

很多人在面对相同的状况时，都表现出了完全不同的态度，其中一些人是以一种尊敬的态度去面对的。据说，毫无罪孽的耶稣为了这个充满罪恶的世界而承受痛苦，如果我们对此进行思考，就会发现这是事实。而有些人则会认为这是不真实的。他的整个人生，包括他人生的顶峰，其实都是自身行为的结果——这一切都是自身思想的体现，都是他深思熟虑之后的选择。身处荒莽之地的诱惑清楚地说明，他已经认识到了自己所处的状况，看到了自己能够成为这个世界的掌控者，而不是成为他人偏见的受害者。他在进入耶路撒冷不到一个星期之后，就被人钉在十字架上，这说明了他从来就没有选择过偏离原先的人生轨道，没有想过去做一些让自己避免被钉上十字架的事情。按照一些人的记录，我们可以看到耶稣非常清楚这一点，他是有意选择这样去做的。之后，当他遭到逮捕时，他没有任何怨言，因为他之前已经想到了这些结果，但是依然不改初衷。他曾对彼得说："当我不能向天父祈祷的时候，他会给我十二位天使吗？"显然，他原本是可以避免遭受被钉在十字架上的命运的，但是他选择了去接受这样的命运。他完全是在为自己的行为负责任！当我们的思绪超越了十字架本身所代表的象征意义，就会想到他的选择给后世的人们带来的巨大的积极影响，我们也可以更好地了解他的思想，怀着崇敬的心情去向他学习。

这样的观点并没有与感官印象存在任何偏差。相反，这样的事实可以让我们更清楚地了解自身所处的状况，更好地了解可能出现的即时结果，还可以让我们有足够的能力去避免这些结果的出现。因此，每个人都应该心甘情愿地为自己的行为负责。至少就他本人而言，他是完全需要这样去做的，只有这样，他才能够让自己的人生变得更加宏大与美好。杀害耶稣的刽子手并不知道他们正在做什么事情，但是他们所做的一切并没有改变他们需要为此负责的事实。尽管如此，这样的行为却为那些无知、视线受阻、处于挣扎的罪恶之人带来一丝光明。耶稣基督是为了他们才甘愿遭受那样的痛苦。

在过去的时代，人类都倾向于将自身的痛苦归结为"天神的愤怒"，或者将其视为神性旨意不可违抗的命令。在之前的内容里，我们已经说明了一点，那就是无论在每个特殊的例子还是从整体的观点去看，这些不良的结果都是自身思想与后续行为的结果。之后，若我们将这些错误或者痛苦归结为上帝的愤怒，就是完全错误的。上帝并没有给我们制造任何麻烦，也没有给我们制造任何痛苦，更没有给我们带来错误的思想。当我们将自身的错误或者痛苦归咎于上帝的时候，这简直就是一种亵渎的行为。这些错误都是我们自身错误思想所结下的苦果。上帝赐给了每个人自由选择与不选择的权利。无论是世间出现的痛苦还是邪恶的事情，抑或人类所犯的错误与罪恶，无论是从直接还是间接层面上看，都与上帝没有任何关系。

人类天生就应该感到快乐，而这样的快乐是每个人都可以感受到的。没错，如果人们愿意的话，他们是可以生活在这样的思想当中的。欢乐、愉悦与平和，这些都是正确思想所带来的结果，因此，每个人都应该获得这样的结果。真善美以及那难以言喻的快乐，都是每个人可以获取的。每个人甚至都不需要刻意去寻找这样的幸福，因为上帝已经将这些幸福赐给我们了，只需要我们去感受就可以了。

第四十一章　思想控制才是真正的自我控制

在人类文明的初始阶段，哲学家、道德家与老师都将自我控制视为一种美德。在数千年前，所罗门就曾说过："那些能够控制自己精神的人，要比占据一座城市的人更加伟大。"也许，这样的话在他之前就有人说过了，而他不过是重复了之前那些圣人所说的话。当然，最伟大的人无疑都是那些能够控制自己的人，因为要是一个人连自己都无法控制的话，他也根本无法控制其他人。"对那些想要成功的人来说，自我控制是最重要的任务。"每一个态度认真、心灵真诚的人都会想要做到这一点，当然他们在这个过程中必然会感受到成功与失败的味道。

要想有所成就，第一步要做的事情就是知道我们该怎么做，这一原则清楚地说明了实现绝对的自我控制的唯一途径。要做到这一点的秘密就在于我们对思想的控制，因为心灵活动控制着其他所有的活动。在"控制心智"这句话里，几乎浓缩着所有的智慧、所有的哲学理论，以及所有能够帮助人类实现自我控制的努力。控制心智就是做到自我控制最根本的工作，因为心智是控制人类行为最高级的能量。

如果我们能够对心智进行控制，我们就能够控制其他的一切方面。

任何行为倘若没有做到心灵控制，都算不上是真正意义上的自我控制，因为在这样的例子里，人类生活中最重要的因素都已经被我们忽视了。这一事实并没有为很多人所熟知，即便一些人认识到了这一点，他们也无法对此进行正确的理解。要是人们真正认识到思想的重要性，知道思想本身是所有其他行为的真正原因，他们就会想要努力去了解真正的自我控制的重要秘密。

极少数的伦理道德老师过分强调了这一点，他们将避免做出错误的行为或者不道德的行为称之为自我控制。当某人感到愤怒的时候，他们就会建议此人不应该用拳头去打他们的对手，或者用恶毒的言语去攻击他们。当然，这不过是自我控制的一块碎片而已，不过也要比放纵自身的行为，使之完全不受控制要好得多。

那些愤怒之人因为自身思想的控制而没有做出错误的行为，这本身是值得赞扬的。但这样的行为并不是最好与最高效的做法，因为这不能让我们完成最重要的那部分工作。这样的方法只是停留在让自我在生理层面上进行控制，而心灵层面几乎没有得到我们的任何关注。这样的做法其实是属于压制性的做法，但压制性的做法并不是真正的控制。这些人只是将自己的思想与冲动压制下去了，努力让自己不陷入一种暴力的行为中。要是他们想将这些思想全部都赶出心灵的世界，在这些消极思想出现萌芽的时候就立即加以摧毁，那么他们就需要回到源头，也就是对思想进行自我控制，从而保证那些有毒的思想远离我们。我们需要将阻碍思想朝着正确方向前进的障碍移除掉，只有这样，才能避免朝着错误的方向前进。只有我们从思想的源头上进行控制，才是真正的自我控制，这将让思想的泉水自由地朝着正确的河道流淌。

　　真正的自我控制并不包括要压制或者阻止自己去做一些错误的行为，但却要求我们将所有需要压制或者阻止的必要性排除掉。真正的自我控制并不是对肌肉的控制，也不是对意志的控制，而是对先于意志出现的思想进行控制，因为只有思想才能够让我们产生个人的选择与意志。当我们运用这一方法的时候，意志就不需要时刻忙于压制某些行为，而个人的选择也会将那些不和谐的思想赶出心灵的世界。只有当我们完成了这样的工作，才算得上是实现了真正的自我控制。其中一个方法只是单纯关于选择的行为，而另一个方法则需要我们持续充分地发挥意志的能量。用不了多久，第一个方法就能够让我们将注意力释放出来，让自己处于一种放松的状态；而第二个方法则要求我们持续地投入注意力，消耗我们的精力。第一个方法是高效的，且不会让我们感到疲惫；第二个方法则是让人疲惫的，并且会给我们带来失败或者灾难性的结果。

　　如果不和谐的思想能够在我们的心灵世界里不受阻拦地横冲直撞，对行为的控制很快就会变成一件不可能做到的事情。因为这样的思想最终必然会以各种方式留下痕迹。锅炉并没有给蒸汽任何逃脱的机会，如果继续保持火势的话，火车就会转动。此时，熟练的工程师是不会让火箱里的火熄掉的，只有这样才能避免爆炸的出现。其实，这是任何人都可以做到的，即便是那些没有接受过多少教育的人，也能够将所有不和谐的思想赶出心灵的世界，从而让自己免于遭受灾难性的结果。即便是这个世界上地位最低、最卑微的人，如果他们选择这样去做的话，也都可以实现自我控制。

　　真正意义上的自我控制就是让我们遵从自我的想法，摆脱其他事物对我们的控制。也就是说，我们要从任何会唤醒不和谐思想的事情当中解脱出来。那些让自己遭受不良心理暗示影响的人，其实在很大程度上就是因为自己没有控制好心灵，这最后必然会让他们无法认识到自己所处的真正状况。按照上面所讨论的原则去践行，必然能够让人们摆脱环境的限制，让自己能够获得身心的自由。这还能让我们在自我控制之外，摆脱其他事情对我们的影响。

　　正如之前所说的，这种心灵训练必然会帮我们建立这样的习惯，直到最后我们根本不需要对自我的控制投入任何的关注，因为这样的心理习惯一旦形成，就能够自动运转，几乎不需要我们给予任何关注。正如当我们在写信的时候，几乎不会留意自己是怎么写的一样。养成了这样的习惯之后，会让我们获得真正的自由，摆脱其他事物对我们的控制。本章的主要内容只是为了论述一点，那就是当我们实现了真正的"自我控制"之后，自然不会去做一些错误的事情。即便当我们没有意识到自己在进行自我控制的时候，也依然能够在习惯的驱动之下来完成。

　　但是，我们还是要提出这样的问题，即这样的自由是否会让我们做出错误的行为？这个问题的回答是，在我们为了获得这种自由的过程中付出了必要的努力之后，要想去做错误的事情几乎是不可能的。因为当人们获得了这样一种自由，他们就会明白其中的道理。基于这样的认知，他们不会让自己产生任何去做错误事情的倾向。之后，错误再也不会扰乱他们的心智，因为他们已经将错误的思想赶出了心灵的世界。因此，完美的自我控制会让我们感觉自己不需要控制什么，因为我们已经自然而然地实现了这种自我控制。

这就是天真无邪的孩子所感受到的自由。当一个人朝着理想的目标接近的时候，他自然就会远离错误，接近真善美，寻求完美的自由。

第四十二章　人是自我的建构者

通过之前章节的阐述，我们已经明白了一点，那就是人是自身思想的产物，人的一生完全受到自身思想的塑造与影响。如果愿意，他完全可以按照自身的选择对思想加以控制。最后，我们得出的结论也是正确的，即人通过对自身思想的控制，实现了按照自身的选择去构建自己。

倘若我们对这些原则稍加研究，就可以发现这一结论的正确性。由此我们可知，通过对自身思想进行控制，能够带来无限的可能性。思想是每个人所有行动的初始行为以及原因，无论是对即时的行为还是未来的行为而言，人类所有的行为与状况都是由思想缩聚成的。人是绝对可以控制自己的思想的。对思想这一重要的原因加以控制，就可以控制最后出现的结果，因为思想本身就是初始的原因。通过对自身思想的控制，人是可以按照自身意愿去构建自己的。

诚然，对思想的完全控制取决于自身的某些品格，但是品格本身也是习惯性思想的一个结果。因此，我们完全可以按照恰当的思想实现这种改变。也就是说，对思想的控制是可以通过一种全新的渠道去完成的，这能够摧毁或者移除品格中的一些元素。这样做只是单纯地将一些令人反感的元素排除出心灵的世界，这一切都取决于我们在保持正确选择的时候，要坚持不懈地努力。

虽然我们最后可能获得很好的结果，但获得这个结果的过程以及状态可能是非常简单的。正如前面章节里经常提到的一点：是一个人的思想决定了他做出的行为，也决定了他这些行为所具有的属性。即便他受到外界的刺激从而改变自己的思想与观点，但这样的改变至少都是由他本人做出的，因此，这种改变之后的观点依然是属于他自己的。

如果按照品格一词严格的意义去看，品格的改变并不是一种全面的改变，也不是一种创造性的东西。这并不是通过利用原有的物质制造一些全新的事物，也不是直接创造出全新事物本身的行为。事实上，在改变品格的这个过程中，品格本身几乎没有真正地改变或者出现变化。我们只是停止去做某些事情，而是选择去做其他一些事情而已。当人们停止对某些思想进行思考的时候，就不会去做与此相关的事情。当他思考着其他事情的时候，他就会做出这样的行为。一种思想永远都不可能变成另外一种思想，同理，一种行为也不可能单纯地变成另外一种行为。

说谎之人在停止了撒谎的思想之后，他就不会再说谎了。他必然会说出真话，因为除此之外，他没有别的选择。那些停止了关于偷窃思想的小偷是不会再去偷窃的。正是他之前的偷窃思想才让他成为一名小偷。如果他的偷窃思想重新回到了他的心灵世界里，他还是会继续这种偷窃行为。如果一个人停止思考任何错误与不道德的思想，那么在任何情形下，他都不会再去做一些错误、不道德或是罪恶的事情，因为他的思想已经没有不道德或者罪恶的成分了。对于所有做出错误行为的人来说，情况都是如此。不管是小偷还是骗子，他们都没有改变自己或者自己身外的事情，但是他们却有能力去停止某些思想，从而不再去做这些思想所引发的行为。这就好比心灵的一个元素被移除出去之后，被另一个元素取而代之。这才构成了自我革新的全部工作，完成了我们所谓的自我变革。

如果愿意，每个人都能够通过持续的锻炼，将任何类型的错误思想全部赶出心灵的世界，从而摧毁所有的错误。只有这样，他才能够摆脱这些错误套在身上的枷锁，就好像一艘船只有将锚收起之后，才能够在大海上自由地航行。当我们将那些错误的思想全部赶走之后，我们才能够显露出真正的气概，展现出真正的自我，才能够更好地搏击人生的风浪。

当人们做到了这一点，他们几乎就能够不费力气地接受真正的思想，通过对这种思想的不断认可与理解，让这种真正的思想变成自己的思想。之后，这样的思想就会变成他人生的一部分，让他的人生变得多姿多彩，并彻底改变他的一生。在这种情况下，他几乎能够以一种全新的方式去构建自己。当一个人掌握了这样一种方法，他在自我建构方面就几乎不会受到任何限制了。

在这个过程中，我们只有将邪恶的东西全部赶走，将错误的思想全部根除，才能够给自我改变打下一个全新的基础。只有这样，我们才能够消除与此相关的许多困难。

遗传的倾向可能会对我们遵循这样的原则造成一定的阻碍，但这只是因为我们之前已经长期习惯了那样的倾向而已。这些遗传倾向并不能成为反驳这一原则的依据。我们完全可以对思想中的这种遗传倾向进行控制，这就好比我们对其他的思想进行控制一样，使用的方法都是一样的，我们也完全有这样的能力。无论这些遗传倾向具有怎样的品格，或者给我们带来了多大的困难，与我们在自身的思想与行为之间的关系都是一样的。无论这种遗传倾向多么强烈，最终都可以通过坚持不懈的努力，拒绝相关思想进入我们的心灵世界，最终将其彻底摧毁。还有被我们称之为"个人性情"或者其他个人癖好的东西，无论这些个性或者癖好看上去有多么根深蒂固或者难以消除，最终还是可以被我们消除的。我们可以消除所有让人反感的品质，培养让人愉悦的习惯。在这个过程中，并不存在任何所谓的命定或者做不到的事情；真正让我们无法做到的原因，其实还是我们没有足够的毅力坚持下去。在人类以及人类的行为方面，有关宿命论的观点是无比荒谬的。对人类来说，唯一的制约就是他们没有足够的能力对自身的思想进行控制。

某人天生就具有音乐方面的天赋，又在后天作出持续的努力，最终在音乐界取得了辉煌的成就。第二个人天生也具有音乐方面的天赋，但他却走上了另一条道路，让自己的音乐天赋始终无法得到释放，正是他改变了自己的人生。第三个人虽然天生没有什么音乐天赋，但他却将一生的精力都投入到对音乐的学习中去，但他依然无法取得像第一个人那样的成就，因为第一个人天生就遗传了这样的音乐天赋。但是，第三个人所取得的相对成就，甚至要比第一个人的成就更加让人敬佩。

两个人天生都遗传了某些邪恶的天性，其中一人放纵自己的思想，让这些邪恶的思想最终将自己摧毁。而另一个人则勇敢地选择走上与此相反的道路，通过对自身思想的控制，成为了一个真正具有品格的人。很多这样的例子几乎不为世人所熟知，是因为那些改正了自己错误的人都不愿意展现出他们早年所存在的缺陷。其实，这个世界上并不存在所谓"天生的犯罪者"，因为这个词语所代表的意义似乎说明了这些人根本无法控制他们与生俱来的邪恶天性，但这绝对不是这些人去做坏事的合理借口。可是很多人会以这样的借口去为这些人辩护，他们认为人们应该向这些人伸出援助之手，从而帮助他们走上正确的道路。

　　当我们对遗传、教育、所处环境或者过往的自我沉沦进行研究之后，就会发现这样一个事实，那就是人自身的思想才是他做出行为的原因。当一个人放弃了某种思想之后，他也就放弃了这些思想所引发的行为。在运用这种方法的时候，我们应该将邪恶与错误的根源砍掉，而不是单纯停留在修剪这些邪恶与错误所生长出来的枝叶上。当世人都明白了这个道理，将会对人类带来多大的进步啊！他们很快就会明白，当我们的思想处于一种失控的状态时，努力去控制自己的思想要比控制行为容易许多——我们应该努力摧毁邪恶与错误的根源，而不是将时间与精力消耗在修剪枝叶上。

　　即便是后天的身体状况，也几乎都是由我们之前的思想造成的。正是我们对身体所持的思想影响着身体的状况。思想就像一位国王，统治着一个国家的所有臣民以及与此相关的事物。思想，这个无影无形的东西，却无处不在地统治着实实在在的事物。无形的地心引力不仅控制着最细微的原子，也联系着这个地球、太阳乃至整个物质的宇宙。脑海里掠过的一个思想可能会改变我们那个时刻脸上的表情。如果我们的某种思想变成了习惯，这种改变之后的表情可能就会持续地显露出来。所以关于身体的一切，无论是我们走路的方式与姿态，还是站姿与坐姿，都是与我们的思想息息相关的。人并不需要受制于自身的特征，而是要让那些表现出来的特征受他控制。也就是说，他的行为需要受到自身思想的控制。只有当他改变思想之后，品格才会改变——这些都是随着思想习惯的改变而发生改变的。

通过对外在状况与形态进行审视，我们会发现多种多样不同类型的品格。这一切都指向了那个无影无形的心智，它不仅影响到我们脸庞的表情，还影响到我们整个身体的状况。整个物质系统的每个事物都是如此，因为所有的改变都是按照这一始终不变的法则展开的。真正影响大脑思考的，并不是大脑颅骨的分布，而是我们的心灵活动不断改变大脑的想法，从而影响到颅骨的位置。因此，心智能够通过自身的活动去改变我们的整个身体。当我们对自身的心智进行很好的控制时，我们就能够按照自身的意愿去进行自我构建。因此，可以说，每个人都是自我的建构者。

不过，我们还是看到很多人在建构着一个不完整的自我，这也说明了真正明白思想与行为之间关系的人还是很少的。在少数了解思想与行为之间关系的人中，也有相当比例的人怀疑自己能够取得成功的可能性，从而不敢努力践行这些法则。另一些人则在努力了一段时间之后，因为自己的懒惰而选择了放弃。

人是不可能毕其功于一役的。任何事情都是不可能一蹴而就的。

要想真正在改变自身思想上取得圆满的成功，需要我们长期的坚持与训练，只有这样，才能够让我们获得因为思想改变而带来的持久改变。"我们一边攀登，一边建造石梯。"那些想要为自己建造一座辉煌宫殿的人，必须要怀着勇敢与自信的态度坚持下去。

第四十三章　完美的可能性

因为害怕面临严重的不良后果而远离错误的行为，虽然这样的动机在人类历史上来说是最为明显的，但还算不上是最高级的动机，因为这只是从消极的层面去看待道德问题而已。其实，还有更高级的动机帮助我们做得更好。做正确的事情，因为它是正确的事情，这样的行为就可以帮助我们建立正确的品格。当我们在做正确事情的时候，不要想着能够获得回报，而只是单纯因为这是正确的才去做，这样才算得上是最高级的动机。而这样的动机伴随着正确的行为，最后必然能够让我们获得良好的结果。

树木并不是因为要结出果实才长出叶子或者开花的，它这样做是符合因为自身的生长需求，只有在完成了这些生长过程之后，果实才会出现。当我们远离了不良的思想之后，最后都必然能够获得一些奖赏。就一棵树来说，这样的奖赏就是最后的果实。对人们来说，这样的奖赏可以是薪水或者金钱。这种类型的奖赏几乎都是人类最喜欢得到的，因为这代表着"花园里那棵生命之树结出来的果实"。

完美是所有人共同追求的终极目标，也是所有人最想要实现的目标，但很多人却不敢对完美的结果抱有任何希望。他们从小就被灌输了这样的思想，认为完美超出了他们的能力范畴，认为死神会让人始终都无法获得完美的结果，或者认为只有那些具有神奇力量的人才能够获得完美的结果。当人们持续地接受这种思想，他们就会对自身追求完美的能力产生怀疑。当然，每个人都想做得更好，获得更好的结果。正是这种不断提升自己的想法推动着世界进步，因为这样的想法始终都在驱动着人类比之前做得更好。无论人类最终获得了怎样的成就，这样的想法始终都走在我们的成就之前，敦促着我们不断向前，不要停滞不前。

进步会敦促着我们取得更大的进步，这是一条普遍性的法则，正如机械的不断进步同时也敦促着人类更进一步地改进这些机械的功能。在这个过程中，人类可能会犯下一些错误，出现短暂的倒退，但是我们想要不断前进的决心却是与生俱来的。只要人类还存在于这个世界上，不断向前的动力就会持续出现。

虽然人们可能依然无法完全理解这些前进动力所具有的全面意义，但这样的想法却包括了我们追求完美的欲望，也是我们有所成就的一种途径，因为这能够让我们沿着某个方向做出持续的努力，虽然进步可能是缓慢且漫长的。我们必须事先定下自身的目标，否则任何人都不会对此感到满意。当我们实现了逐个制定的目标，我们离最后的完美也就更近了。

长期以来，确保我们实现完美的方法都被人们忽视了，因为这一方法实在是极为简单。沿着正确的方向，坚持不懈，坚定自己的选择，就是这一方法的要素。实现完美不可能在短时间内做到，不可能在一天或者一年的时间里做到，也许我们这一辈子都不可能做到，但从长远来看，人类却必然能够实现完美的目标。人类的世界必然要不断前进，只要人类依然存在于这个世界上，他们就最终能够实现这些完美的目标。无论在任何时候，无论在任何地方，这种追求完美的决心与欲望最终都会开花结果。我们要深信，沿着正确方向所迈出的每一步，都会让我们更加接近最后的终点。每一个人所做出的善行，都会点燃其他人的人生，虽然有时这样的光芒是微弱的，但能够指引我们迈出前进的脚步。

从某种观点来看，人其实就是各种思想集合成为个性或者个体的动物。这样的观点可能不是最高尚或者最全面的看法，但的确是一个正确的观点。在这个基础上，如果我们对心灵的因素进行分析的话，就会发现心灵包括各种复杂的元素，但这些元素的每个部分，却与其他部分处于一种完美的分离状态。最终的结果可能就是我们要将这些元素区分为两种类型，其中一种类型是由完全的善意组成的，而另一种类型则由不包含任何善意的元素组成。每个人都能够将那些不包含善意的元素清除出去。当我们持续这样做，那些不良的想法就会彻底消失，最后只剩下完全善意的想法。此时，我们就会展现出一种完美的状态。

这一简单的推论过程是完整且符合逻辑的，也说明了人是可以追寻完美的，同时还说明了一种每个人都可以追寻完美的简单却又必然可以实现的办法。这就好比阿基米德所提到的杠杆，能够用它撬动整个地球。但阿基米德所缺少的并不是杠杆，而是那个支点。更进一步说，我们每个人缺乏的正是自己应该处于的立场。当我们沿着追寻完美的脚步前进，就会发现每一步的前进都会让我们进入一种更纯粹且神性的氛围当中，这本身就是刺激我们更加努力的一种动力。

这就好比穿着白色衣服的人套上了一件黑色外套，但白色的衣服还是会显露出来。当我们脱下外套，白色的衣服就会呈现在我们的眼前。最后，我们完全看不到那件黑色的外套，而只看到纯白色的衣服。因此，当黑暗的不和谐思想被赶出心灵的世界之后，只剩下上帝赐给我们的纯洁思想。

因为某种根深蒂固的正确道德感，无论每个人的心智处于一种多么混沌的状态，都是存在于每个人身上的。因此，每个人都能够感知到，自己的状况其实比之前要好许多。他也同样能够认识到，自身的一些想法其实是完全错误或者存在着部分错误的。他还能够意识到，自己完全有能力去将某些错误的思想赶出心灵的世界。有能力去做某种行为，意味着我们能够按照相同的选择与能力继续去做，意味着我们在需要的时候都可以这样去做。每一次的重复都要比上一次耗费更少的精力，直到最后错误的思想被我们全部赶出心灵的世界，再也无法回来。

有人会说，这需要我们对自身的思想进行敏锐的分析，才能够将那些好的思想与坏的思想分辨出来。其实，即便是那些最睿智的人，在他们进行最细致与认真的检查时，也很难将善与恶之间的一些微妙的东西完全分离出来。在现实的行为当中，这样极端严格的分析或者辨别其实没有太大的必要。一个人只需要将自己感知到的错误或者不和谐思想赶出心灵的世界就可以了。当他真的这样做的时候，其实就不需要对此有更进一步的感知了。当我们消除了一种错误的思想，其实就是我们做出的一个开端。当我们做到了这一点，不去思考那些错误思想的习惯就会逐渐形成。在这个过程中，我们的认知就会让我们清楚地看到其他思想都是错误的，而首先出现的那种思想就会给我们带来更多的智慧与力量，从而将之后进入心灵的错误思想全部赶走。此时，他就会对事情有着更为清楚与明确的认知。这样做可能需要持续一段时间，但将自身感知到的思想赶出心灵世界的行为，却是可以立即去做的。因为只要我们坚持之前提到的方法，就能够将每一种可能出现的邪恶想法都赶走，最后让心灵只留下那些绝对善意的思想——也就是说，我们只留下最完美的思想。

因此，在现实的操作上，我们几乎无法就此做出一个完全准确的划分，将所有积极的思想放在一边，将所有消极的思想放在另一边。其实这样做对我们实现成功本身并没有太大的作用。事实上，我们没有能力去做如此精确的区分，这也许是一种好处。特别是考虑到巨大的工程量，放弃这样的努力可以为我们节省许多时间。除此之外，我们可以更加轻易地解决某个小问题，而不总是从整体上解决问题。当我们成功地解决了某个问题，会给我们带来智慧与经验，从而更好地解决下一个问题。当我们不再对好与坏的思想进行过分严苛的分析，我们就会发现这一切原来是非常简单的，腾出来的精力可以让我们更好地在教育或者哲学层面上取得成就。所有这些努力就构成了我们在道德层面上的进步，让我们离完美的目标更进一步。

在自然知识之外的领域，其实并不存在任何神秘、超自然或者奇妙的东西，也不需要我们有多少智慧或者神奇的分析能力才能够对此有所了解。这只需要我们有意识到错误的能力，并且有下定决心远离错误的能力。通过日常的训练，我们就会发现，我们能够将错误的东西清除出去，并让自己相信以后也可以继续这样做。每当我们取得了一些进步，就会发现它给我们带来积极的影响。但这样的事实也告诉了我们一点，那就是我们完全有能力迈出下一步。前方的道路是笔直的，这个简单的道理是每个人都可以理解的。每个人都可以沿着这条道路前进，因为他们都能够改变自己的思想，至少能够改变自己做出选择的方式。当他这样做了一次，他就能够做第二次。这意味着人们能够实现绝对完美的目标，因为他们通过选择去改变自身的思想，通过坚持这些思想，必然能够让自己彻底远离所有罪恶、不道德或者错误的想法。当他真正做到这一点，他的思想就会处于一种正确状态，他的行为也会变得正确。当所有人都能够做到这一点，所有的错误就会消失。

这一思想看上去可能让人觉得遥不可及，但其实是非常实用的思想，能够运用在生活的方方面面。这种思想不会影响我们追求任何有价值的事业，也不会影响我们前进的速度，而只会让我们的每一种行为都变得更加纯粹。它不会让任何男人失去男子气概，也不会让任何女人失去女人味，而只会让他们变得越来越好。男人会活得更像一个男人，女人则活得更像一个女人。即便我们只是向目标迈出了一小步，但最终必然会实现那个目标。

耶稣基督曾说过这样一句话："任何践行上帝意志的人，都将知道这样的信条。"（即无论是谁，只要他想要去做正确的事情，就能够做到，因为上帝的意志是绝对正确的。）这句话同样展现了他的绝对正确性，因为无论是谁这样做，他们都是想要去做正确的事情。他们在这个过程中必然会努力地实现这个目标，当他实现了一个目标之后，就会继续努力去做他认为正确的事情。当他知道什么是正确的信条之后，就会想着怎样去实现这样的信条。很多人之所以失败，是因为他们经常进行自我欺骗，认为自己是在做上帝认为正确的事情，但事实上他们却暗中埋下了错误的思想。他们并没有去追寻正确的东西，因此最终失败了。但即便他们失败了，这样的失败也是暂时的，因为他们最终都会看到这些失败，并且加以改正。任何人在犯错之后，几乎都有改正的机会，从而让自己变得更好。想要追求更加美好事物的想法会帮助我们渡过所有的失败，朝着目标不断前进。只有当我们真正了实现了目标之后，这样的愿望才会停止。

旅行者在旅途中到达了一个地方之后，通常会觉得自己失去了继续前进的动力，这样一个地方可能就是他之前所设定的前进目标。不过，一旦他到了这个地方，他的视野就会变得更加清晰，他会发现道路在脚下继续延伸出去，一直到远方。他的脚会始终沿着前方的道路继续前进，因为前方的景色与未知始终都会吸引着他前进的脚步。这也许只是一段不那么漫长的道路，可能向左转或者向右转，但是他始终都能够感受到光芒照耀着他。当他真正能够沿着正确的目标前进的时候，他就能够感受到之前从未感受到的力量，他会发现光芒在远处持续地闪烁着，吸引着他不断迈出前进的脚步。这就是任何有意义的思想所具有的必要元素。这些思想催促着我们努力前进，一旦我们实现了这些目标，就会想要继续前进，努力以更好的方式追寻下一个更加伟大的目标。

那些始终怀着认真的态度追寻正义或者真理的人，必然能够抛弃之前错误的观点，去追寻自己认为正确的思想与观点。这样的人敢于做正确的事情，因为他们始终都能够看到前方更远处的美好景色。其实，对每个人来说，真正的危险就在于很多人缺乏足够的勇气前进，不敢迈出人生的第一步。无论在任何时候，我们都不应该感到沮丧，我们深知自己能够比现在做得更好。我们知道自己在下一次的时候能够比现在做得更好。实现了一个理想，会让我们看到另一个更加神性的理想，让我们看到自身更加巨大的潜能。每个人都是需要按照自身的意愿与希望不断前进的。上帝赐给我们每个人这样的能力，因此每个人都应该充分发挥上帝赐予的潜能，只有这样，才符合上帝创造出来的秩序。

很多时候，人类都在身外的事物中徒劳地寻找着青春的源泉。其实，青春的源泉就在我们身上。"内在的欢乐与美德才是人生中最重要的事物。"如果我们不被野草般蔓延的不和谐思想所影响，美丽的花朵就能够在我们的心间绽放，从而由内到外地表现出来，最终让我们过上一种永恒的生命。

每个人的身上都有一种神性的火花。如果一个人始终按照绝对正确的方向前进，他的行为是绝对不会失去指引与动力的。他根本不需要等待，而会选择立即动身，怀着必胜的信念，朝着绝对完美的人生目标前进。当我们实现了某个阶段的完美，将所有的困难与障碍都踩在脚下，就会发现上帝创造的无限宇宙所具有的美感与荣光，因为这样的完美事物会以无限多样的形态呈现出来。当我们置身在那样的环境中，就绝对不会缺乏对身边事物的兴趣。我们需要做的，就是按照自身的选择去工作。因为上帝所创造出来的美感会以多样的方式呈现出来，而人类也能够在这样一个无尽的旅程中感受到持续的荣光。

跋

　　没有比威廉·R·阿格尔在《人生的学校》一书里的这段话更适合做本书的结语了：

　　　　现在，我们还有最后一课需要上，就是学习最重要的道理——运用我们所学的一切知识。除非我们能够掌握这一课，并且按照这样的道理去做事，否则其他的任何理论都将失去本质的荣耀。在我们所经历的事物中，唯一具有生命力的目标或者结果，就是能够在现实生活中按照这些方法去践行，从而丰富我们的灵魂，修正我们的思想与激情，提升生活。当我们按照自身具备的知识去做，就会让我们的人生闪出光亮，使之变得具有神性。

图书在版编目（CIP）数据

避开思维陷阱：跟心理学大师克兰学习正向思维 /（美）克兰（Crane，A. M.）著；佘卓桓译 . —北京：中国人民大学出版社，2016.1
ISBN 978-7-300-22469-5

Ⅰ. ①避… Ⅱ. ①克… ②佘… Ⅲ. ①思维方法-通俗读物 Ⅳ. ①B804-49

中国版本图书馆 CIP 数据核字（2016）第 025241 号

避开思维陷阱
跟心理学大师克兰学习正向思维
【美】阿伦·马丁·克兰　著
佘卓桓　译
孔　宁　校
Bikai Siwei Xianjing

出版发行	中国人民大学出版社		
社　　址	北京中关村大街 31 号	**邮政编码**	100080
电　　话	010 - 62511242（总编室）	010 - 62511770（质管部）	
	010 - 82501766（邮购部）	010 - 62514148（门市部）	
	010 - 62515195（发行公司）	010 - 62515275（盗版举报）	
网　　址	http://www.crup.com.cn		
	http://www.ttrnet.com（人大教研网）		
经　　销	新华书店		
印　　刷	北京联兴盛业印刷股份有限公司		
规　　格	145 mm×210 mm　32 开本	**版　　次**	2016 年 3 月第 1 版
印　　张	8.375 插页 2	**印　　次**	2018 年 4 月第 2 次印刷
字　　数	174 000	**定　　价**	35.00 元